吉林省矿产资源潜力评价系列成果，
是所有在白山松水间
辛勤耕耘的几代地质工作者
集体智慧的结晶。

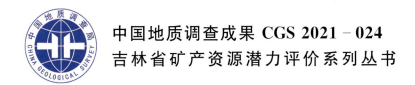

中国地质调查成果 CGS 2021-024
吉林省矿产资源潜力评价系列丛书

吉林省钨矿矿产资源潜力评价

JILINSHENG WUKUANG KUANGCHAN ZIYUAN QIANLI PINGJIA

薛昊日　松权衡　张廷秀　王福亮　等编著

图书在版编目(CIP)数据

吉林省钨矿矿产资源潜力评价/薛昊日等编著. —武汉:中国地质大学出版社,2020.12
(吉林省矿产资源潜力评价系列丛书)
ISBN 978-7-5625-4927-7

Ⅰ.①吉…
Ⅱ.①薛…
Ⅲ.①钨矿床-矿产资源-资源潜力-资源评价-吉林
Ⅳ.①P618.670.234

中国版本图书馆CIP数据核字(2020)第242171号

吉林省钨矿矿产资源潜力评价		薛昊日　等编著
责任编辑:马　严	选题策划:毕克成　段　勇　张　旭	责任校对:徐蕾蕾
出版发行:中国地质大学出版社(武汉市洪山区鲁磨路388号)		邮编:430074
电　　话:(027)67883511	传　　真:(027)67883580	E-mail:cbb@cug.edu.cn
经　　销:全国新华书店		http://cugp.cug.edu.cn
开本:880毫米×1230毫米　1/16		字数:143千字　　印张:4.5
版次:2020年12月第1版		印次:2020年12月第1次印刷
印刷:武汉中远印务有限公司		
ISBN 978-7-5625-4927-7		定价:98.00元

如有印装质量问题请与印刷厂联系调换

吉林省矿产资源潜力评价系列丛书编委会

主　任：林绍宇
副主任：李国栋
主　编：松权衡
委　员：赵　志　赵　明　松权衡　邵建波　王永胜
　　　　于　城　周晓东　吴克平　刘颖鑫　闫喜海

《吉林省钨矿矿产资源潜力评价》

编著者：薛昊日　松权衡　王福亮　张廷秀　张红红
　　　　李　楠　于　城　王　信　杨复顶　王立民
　　　　庄毓敏　李任时　徐　曼　张　敏　苑德生
　　　　李春霞　袁　平　任　光　王晓志　曲洪晔
　　　　宋小磊　李　斌

前　言

"吉林省矿产资源潜力评价"为原国土资源部中国地质调查局部署实施的"全国矿产资源潜力评价"省级工作项目，主要目标是在现有地质工作程度基础上，充分利用吉林省基础地质调查和矿产勘查工作成果和资料，充分应用现代矿产资源评价理论方法和 GIS 评价技术，开展全省重要矿产资源潜力评价，基本摸清全省矿产资源潜力及其空间分布。开展吉林省成矿地质背景、成矿规律、物探、化探、遥感、自然重砂、矿产预测等项工作的研究，编制各项工作的基础和成果图件，建立全省重要矿产资源潜力评价相关的地质、矿产、物探、化探、遥感、重砂空间数据库。

"吉林省钨矿矿产资源潜力评价"是"吉林省矿产资源潜力评价"的工作内容，本次工作提交了《吉林省钨矿矿产资源潜力评价成果报告》及相应图件。系统总结了吉林省钨矿的勘查研究历史、存在的问题及资源分布，划分了矿床成因类型，研究了成矿地质条件及控矿因素。以杨金沟钨矿作为典型矿床研究对象，从吉林省大地构造演化与钨矿时空的关系、区域控矿因素、区域成矿特征、矿床成矿系列、区域成矿规律研究以及物探、化探、遥感信息特征等方面总结了预测工作区及全省钨矿成矿规律，预测了吉林省钨矿资源量，总结了重要找矿远景区地质特征与资源潜力。

目 录

第一章 概 述 …………………………………………………………………………………… (1)
第二章 以往工作程度 …………………………………………………………………………… (3)
 第一节 区域地质调查及研究 ……………………………………………………………… (3)
 第二节 重力、磁测、化探、遥感、自然重砂调查及研究 ………………………………… (5)
 第三节 矿产勘查及成矿规律研究 ………………………………………………………… (8)
 第四节 地质基础数据库现状 ……………………………………………………………… (9)
第三章 地质矿产概况 …………………………………………………………………………… (11)
 第一节 成矿地质背景 ……………………………………………………………………… (11)
 第二节 区域矿产特征 ……………………………………………………………………… (11)
 第三节 区域地球物理、地球化学、遥感、自然重砂特征 ………………………………… (13)
第四章 预测评价技术思路 ……………………………………………………………………… (27)
 第一节 指导思想 …………………………………………………………………………… (27)
 第二节 工作原则 …………………………………………………………………………… (27)
 第三节 技术路线 …………………………………………………………………………… (27)
 第四节 工作流程 …………………………………………………………………………… (28)
第五章 成矿地质背景研究 ……………………………………………………………………… (29)
 第一节 技术流程 …………………………………………………………………………… (29)
 第二节 建造构造特征 ……………………………………………………………………… (29)
 第三节 大地构造特征 ……………………………………………………………………… (30)
第六章 典型矿床与区域成矿规律研究 ………………………………………………………… (32)
 第一节 技术流程 …………………………………………………………………………… (32)
 第二节 典型矿床研究 ……………………………………………………………………… (33)
 第三节 预测工作区成矿规律研究 ………………………………………………………… (39)
第七章 物化遥自然重砂应用 …………………………………………………………………… (42)
 第一节 重 力 ……………………………………………………………………………… (42)
 第二节 磁 测 ……………………………………………………………………………… (43)
 第三节 化 探 ……………………………………………………………………………… (46)

  第四节　遥　感 …………………………………………………………………………………………… (48)

  第五节　自然重砂 ………………………………………………………………………………………… (49)

第八章　矿产预测 ……………………………………………………………………………………………… (51)

  第一节　矿产预测方法类型及预测模型区选择 ………………………………………………………… (51)

  第二节　矿产预测模型与预测要素图编制 ……………………………………………………………… (51)

  第三节　预测区圈定 ……………………………………………………………………………………… (56)

  第四节　预测区优选 ……………………………………………………………………………………… (56)

  第五节　资源量定量估算 ………………………………………………………………………………… (57)

  第六节　预测区地质评价 ………………………………………………………………………………… (58)

第九章　单矿种(组)成矿规律总结 …………………………………………………………………………… (59)

  第一节　成矿区(带)划分 ………………………………………………………………………………… (59)

  第二节　矿床成矿系列(亚系列) ………………………………………………………………………… (59)

  第三节　区域成矿规律与图件编制 ……………………………………………………………………… (59)

第十章　结　论 ………………………………………………………………………………………………… (61)

主要参考文献 …………………………………………………………………………………………………… (63)

第一章 概 述

钨矿是吉林省矿产资源潜力评价的重要矿种之一,项目组在现有地质工作程度的基础上,充分利用吉林省基础地质调查和矿产勘查工作成果及资料,充分应用现代矿产资源评价理论方法和 GIS 评价技术,开展吉林省钨矿资源潜力评价,基本摸清钨矿资源潜力及其空间分布。开展了吉林省与钨矿有关的成矿地质背景、成矿规律、物探、化探、遥感、自然重砂、矿产预测等项工作的研究,编制了各项工作的基础和成果图件,建立了全省矿产资源潜力评价相关的地质、矿产、物探、化探、遥感、自然重砂空间数据库。培养了一批综合型地质矿产人才。

项目组完成了吉林省已有的区域地质调查和专题研究,包括沉积岩、火山岩、侵入岩、变质岩、大型变形构造等各个方面,按照大陆动力地学理论和大地构造相工作方法,依据技术要求的内容、方法和程序进行系统整理归纳。以 1∶25 万实际材料图为基础,编制吉林省沉积(盆地)建造构造图、火山岩相构造图、侵入岩浆构造图、变质建造构造图及大型变形构造图,从而完成了吉林省大地构造相图编制工作;在初步分析成矿大地构造环境的基础上,按矿产预测类型的控制因素及分布,分析成矿地质构造条件,为矿产资源潜力评价提供成矿地质背景和地质构造预测要素信息,为吉林省重要矿产资源评价项目提供区域性和评价区基础地质资料,完成了吉林省成矿地质背景课题研究工作。

项目组在现有地质工作程度的基础上,全面总结吉林省基础地质调查和矿产勘查工作成果及资料,充分应用现代矿产资源预测评价的理论方法和 GIS 评价技术,开展钨矿资源潜力预测评价,基本摸清了全省重要矿产资源潜力及其空间分布。

工作的重点是研究钨矿典型矿床,提取典型矿床的成矿要素,建立典型矿床的成矿模式;研究典型矿床区域内地质、物探、化探、遥感和矿产勘查等综合成矿信息,提取典型矿床的预测要素,建立典型矿床的预测模型;在典型矿床研究的基础上,结合地质、物探、遥感和矿产勘查等综合成矿信息确定钨矿的区域成矿要素与预测要素,建立区域成矿模式和预测模型。深入开展全省范围的钨矿区域成矿规律研究,建立钨矿成矿谱系,编制钨矿成矿规律图;按照全国统一划分的成矿区(带),充分利用地质、物探、化探、遥感和矿产勘查等综合成矿信息,圈定成矿远景区和找矿靶区,逐个评价 V 级成矿远景区资源潜力,并进行分类排序;编制钨矿成矿规律与预测图。以地表至 2000m 以浅为主要预测评价范围,进行金矿资源量估算。汇总全省钨矿预测总量,编制单矿种预测图、勘查工作部署建议图、未来开发基地预测图。

项目组以成矿地质理论为指导,并为吉林省区域成矿地质构造环境及成矿规律研究、矿床成矿模式及区域成矿模式建立提供信息,为圈定成矿远景区和找矿靶区、评价成矿远景区资源潜力、编制成矿区(带)成矿规律与预测图提供物探、化探、遥感、自然重砂方面的依据。

此次工作建立并不断完善与矿产资源潜力评价相关的物探、化探、遥感、自然重砂数据库,实现省级资源潜力预测评价综合信息集成空间数据库,为今后开展矿产勘查的规划部署奠定扎实的基础。

项目组对 1∶50 万地质图数据库、1∶20 万数字地质图空间数据库、吉林省矿产地数据库、1∶20 万区域重力数据库、航磁数据库、1∶20 万化探数据库、自然重砂数据库、吉林省工作程度数据库、典型矿床数据库全面系统维护,为吉林省重要矿产资源潜力评价提供基础信息数据。应用 GIS 技术服务于矿产资源潜力评价工作的全过程(解释、预测、评价和最终成果的表达)。资源潜力评价过程中针对各专题进行信息集成工作,建立吉林省重要矿产资源潜力评价信息数据库。

取得了以下主要成果。

(1)系统地总结了吉林省钨矿勘查研究历史及存在的问题、资源分布;划分了钨矿床类型;研究了钨矿成矿地质条件及控矿因素。

(2)从空间分布、成矿时代、大地构造位置、赋矿层位、围岩蚀变特征、成矿作用及演化、矿体特征、控矿条件等方面总结了预测区及典型矿床成矿规律。

(3)建立了钨矿典型矿床成矿模式和预测模型。

(4)确立了预测工作区的成矿要素和预测要素,建立了预测工作区的成矿模式和预测模型。

(5)研究了吉林省钨矿勘查工作部署,对未来矿产开发基地进行了预测。

(6)用地质体积法预测吉林省500m以浅、1000m以浅和1500m以浅钨矿资源量。

第二章 以往工作程度

第一节 区域地质调查及研究

20世纪60年代，前人完成全省1∶100万地质调查编图；自国土资源大调查以来，完成1∶25万区域地质调查13个图幅，面积$13.5×10^4 km^2$；1∶20万区域地质调查，完成32个图幅，面积约$13×10^4 km^2$；1∶5万区域地质调查工作开始于20世纪60年代，大部分部署于重要成矿区带上，累计完成面积约$6.5×10^4 km^2$。详见工作程度图2-1-1～图2-1-3。

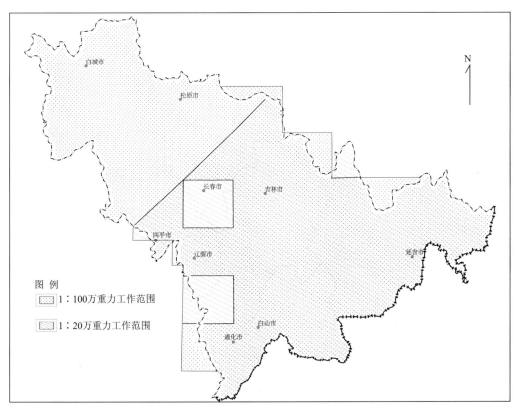

图 2-1-1　吉林省重力工作程度示意图

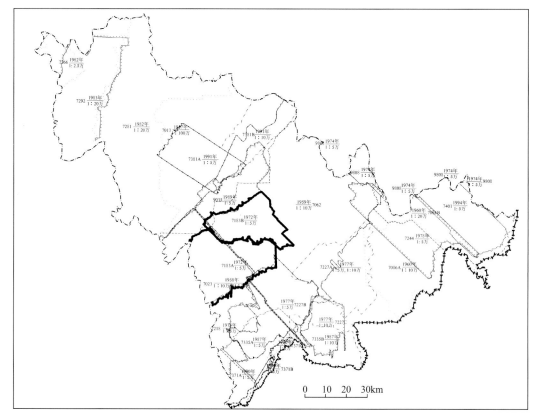

图 2-1-2 吉林省 1∶20 万区域地质调查工作程度示意图

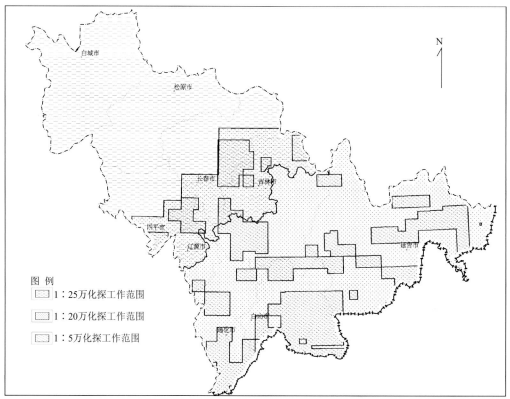

图 2-1-3 吉林省 1∶5 万区域地质调查工作程度示意图

吉林省基础地质研究从20世纪60年代开始至今仍在持续工作,可大致划分为如下几个时期。第一时期为20世纪60年代,利用已有的1:20万区域地质资料研究编制1:100万区域地质图及说明书。第二时期为20世纪80年代,利用已有的1:20万、1:5万区域地质资料和1:100万区域地质研究成果编制1:50万区域地质志,同时提交了1:50万地质图、1:100万岩浆岩地质图、1:100万地质构造图。第三时期为20世纪90年代,针对吉林省岩石地层进行了清理。

第二节　重力、磁测、化探、遥感、自然重砂调查及研究

一、重力

吉林省1:100万区域重力调查于1984—1985年完成外业实测工作,采用1:5万地形图,完成吉林省1:100万重力调查成果报告。

1982年吉林省首次按国际分幅开展1:20万比例重力调查,至今在吉林省东、中部地区共完成33幅区域重力调查,面积约$12×10^4 km^2$。在1996年以前重力测点点位求取采用航空摄影测量中电算加密方法,1997年后重力测定点位求取采用GPS求解,工作程度见图2-2-1。

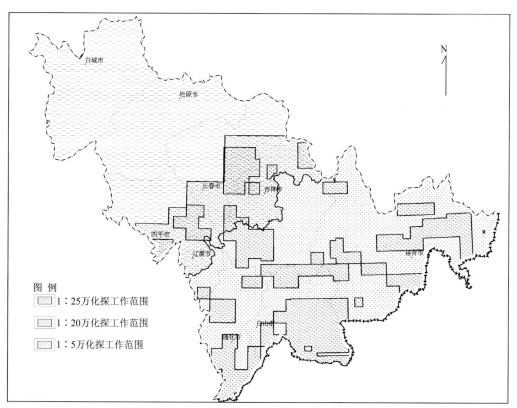

图2-2-1 吉林省地球化学工作程度示意图

吉林省1:100万区域重力调查解释推断出66条断裂,其中34条断裂与以往断裂吻合,新推断出了32条断裂。结合深部构造和地球物理场的特征,划分出3个Ⅰ级构造区和6个Ⅱ级构造分区。

吉林省东部1:20万区域重力调查通过资料分析,综合预测贵金属及多金属找矿区38处;通过居里等温面的计算,长春—吉林以南、辽源—桦甸以北,均属于高地温梯度区,是寻找地热深的远景区;通

过深部剖面的解释，伊舒断裂带西支断裂 F_{32}、东支断裂 F_{33}、四平-德惠断裂带东支断裂 F_{30}，其走向均为北东向，与伊舒断裂平行。以上断裂均属深大断裂。

在吉南推断 71 条断裂构造，圈定 33 个隐伏岩体和 4 个隐伏含煤盆地。

二、磁测

吉林省的航空磁测是由原地质矿产部航空物探总队实施的。1956—1987 年间，进行不同地质找矿目的、不同比例尺、不同精度的航空磁测工区（覆盖全省）共 13 个。完成 1∶100 万航磁 $15 \times 10^4 km^2$，1∶20 万航磁 $20.9 \times 10^4 km^2$，1∶5 万航磁 $9.749 \times 10^4 km^2$，1∶5 万航电 $9000 km^2$。工作程度见图 2-2-2。

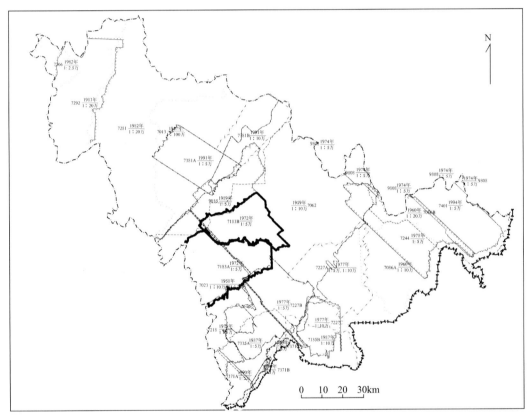

图 2-2-2　吉林省航磁工作程度示意图

由原吉林省地质矿产局物探大队编制的 1∶20 万航磁图，是吉林省完整的统一图件，对吉林省有关的生产、科研和教学等单位具有较大的实用意义，为寻找黑色金属、有色金属等提供了丰富的基础地球物理资料。

吉中地区航磁测量结果发现航磁异常 250 个，为寻找与异常有关的铁、铜等金属矿提供了线索。经检查 52 个异常中，见矿或与矿化有关异常 6 个，与超基性岩或基性岩有关的异常 15 个，推断与矿有关的异常 57 个。

通化西部地区航磁测量结果发现航磁异常 142 处，推断和寻找与磁铁矿有关的异常 20 处；基性—超基性岩体引起的异常 14 处；接触蚀变带引起的铁铜矿及多金属矿异常 10 处。航磁图显示了本区构造特征。以异常为基础，结合地质条件，划出了 6 个找矿远景区。

延边北部地区航磁测量结果发现编号异常 217 处，对其逐个进行初步分析解释，其中有 24 处与矿（化）有关。航磁资料明显地反映出本区地质构造特征，如官地-大山咀子深断裂、沙河沿-牛心顶子-王峰楼村大断裂、石门-蛤蟆塘-天桥岭大断裂、延吉断陷盆地等。通过对本区矿产分布远景进行分析，划分了1个沉积变质型铁磷矿成矿远景区和4个矽卡岩型铁、铜、多金属成矿远景区。

在鸭绿江沿岸地区航磁测量中,发现288处异常,其中75处异常为间接、直接找矿指示了信息;确定了全区地质构造的基本轮廓,共划分5个构造区;确定了53条断裂(带),其中有10条是对本区构造格架起主要作用的边界断裂。根据异常分布特点,结合地质构造的有利条件、已知矿床(点)分布及化探资料,划分14个成矿远景区,其中8个为Ⅰ级远景区。

三、化探

本次完成1:20万区域化探工作$12.3×10^4 km^2$。在吉林省重要成矿区(带)完成1:5万化探约$3×10^4 km^2$。1:20万与1:5万水系沉积物测量为吉林省区域化探积累了大量的数据及信息。

中比例尺成矿预测,较充分地利用1:20万区域化探资料,首次编制了吉林省地球化学综合异常图、吉林省地球化学图;根据元素分布分配的分区性,从成因上总结出两类区域地球化学场,一是反映成岩过程中的同生地球化学场,二是成岩后的改造和叠生作用形成后生或叠生地球化学场。

四、遥感

目前,吉林省遥感调查工作主要有"应用遥感技术对吉林省南部金-多金属成矿规律的初步研究""吉林省东部山区贵金属及有色金属矿产预测"项目中的遥感图像地质解译、吉林省ETM遥感图像制作以及2005年由吉林省地质调查院完成的吉林省1:25万ETM遥感图像制作。工作程度见图2-2-3。

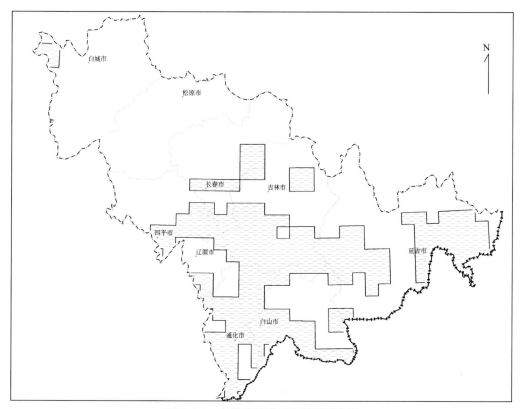

图2-2-3 吉林省遥感工作程度示意图

1990年，由吉林省地质遥感中心完成的"应用遥感技术对吉林省南部金-多金属成矿规律的初步研究"中，利用1∶4万彩红外航片，以目视解译及立体镜下观察为主，对吉林省南部（420以南）的线性构造、环状构造进行解译，并圈定一系列成矿预测区及找矿靶区。

1992年，由吉林省地质矿产局完成的"吉林省东部山区贵金属及有色金属矿产成矿预测"是以美国4号陆地卫星于1979年、1984年及1985年接收的TM数据2、3、4波段合成的1∶50万假彩色图像为基础进行的目视解译。地质图上已划分出的断裂构造带均与遥感地质解译线性构造相吻合，而遥感解译地质图所划的线性构造比常规地质断裂构造要多，规模要大一些，因而绝大部分线性构造可以看成是各种断裂、破碎带、韧性剪切带的反映。区内已知矿床、矿点多位于规模在几千米至几十千米的线性构造上，而规模数百千米的大构造带上，矿床矿点分布得较少。

遥感解译出621个环形构造，这些环形构造的展布特征复杂，形态各异，规模不等，成因及地质意义也不尽相同。解译出隐伏岩体引起的环形构造94个，花岗岩类引起的环形构造24个，基底侵入体环形构造6个，火山喷发环形构造55个及弧形构造围限环形构造57个，尚有成因及地质意义不明的环形构造388个。

用类比方法圈定出Ⅰ级成矿预测区10个、Ⅱ级成矿预测区18个、Ⅲ级成矿预测区14个。

五、自然重砂

1∶20万自然重砂测量工作覆盖了吉林省东部山区。1∶5万重砂测量工作完成了近20幅，大比例尺重砂工作很少。2001—2003年对1∶20万数据进行了数据库建设；吉林省在开展金刚石找矿工作时，对全省重砂资料进行的研究仅限于针对金刚石找矿方面。

1993年完成的《吉林省东部山区贵金属及有色金属矿产成预测报告》中，对全省自然重砂资料进行了全面系统的研究工作。

第三节　矿产勘查及成矿规律研究

一、矿产勘查

截至2008年底，吉林省提交矿产勘查地质报告3000余份，已发现各种矿（化）点2000余处，矿产地1000余处。发现矿种158种（包括亚矿种），查明资源储量的矿种115种；全省发现钨矿床3处，其中，中型矿床1处，小型矿床2处。钨矿的成因主要是与花岗岩有关的脉状浸染型。

党的十一届三中全会决定把工作重点转移到以经济建设为中心的轨道上来，地质系统制定了以地质找矿为中心的方针，为新时期地质矿产勘查工作的健康发展指明了方向。在这一时期，吉林省地质事业飞速发展，勘测成果取得了显著成果。在这一期间发现的钨矿床有：2002年，发现五道沟白钨矿，其地表及深部发现6条主要矿体；2003年，在珲春杨金沟一带发现杨金沟白钨矿，后期通过槽探、坑探和钻探等探矿手段，发现和控制矿体50余条。

第四节 地质基础数据库现状

一、1∶50万数字地质图空间数据库

1∶50万地质图库是吉林省地质调查院于1999年12月完成的,该图是在原《吉林省1∶50万地质图》《吉林省区域地质志:附图》基础上补充少量1∶20万和1∶5万地质图资料及相关研究成果,结合现代地质学、地层学、岩石学等新理论新方法,地层按岩石地层单位,侵入岩按时代、岩性和花岗岩类谱系单位编制。此图库属数字图范围,没有GIS的图层概念,适合用于小比例尺的地质底图。目前没有对其进行更新维护。

二、1∶20万数字地质图空间数据库

1∶20万地质图空间数据库,计有33个标准和非标准图幅,由吉林省地质调查院完成,经中国地质调查局发展中心整理汇总后返交回省。该库图层齐全、属性完整,建库规范,单幅质量较好。总体上因填图过程中认识不同,各图幅接边问题严重,按本次工作要求进行了更新维护。

三、吉林省矿产地数据库

吉林省矿产地数据库于2002年建成。该库采用DBF和ACCESS两种格式保存数据。矿产地数据库更新至2004年。按本次工作要求进行了更新维护。

四、物探数据库

1.重力

吉林省完成东部山区1∶20万重力调查区26个图幅的建库工作,入库有效数据23 620个物理点。数据采用DBF格式且数据齐全。

重力数据库只更新到2005年,主要是对数据库管理软件进行更新,数据内容与原库内容保持一致。

2.航磁

吉林省航磁数据共由21个测区组成,总物理点数据631万个,比例尺分为1∶5万、1∶20万、1∶50万,在省内主要成矿区(带)多数有1∶5万数据覆盖。

存在问题:测区间数据没有调平处理,且没有飞行高度信息,数据采集方式有早期模拟的和后期数字的。精度从几十纳特到几纳特。若要有效地使用航磁资料,必须解决不同测区间数据调平问题。本次工作采用中国国土资源航空物探遥感中心提供的航磁剖面和航磁网格数据。

五、遥感影像数据库

吉林省遥感解译工作始于 20 世纪 90 年代初期,由于当时工作条件和计算机技术发展的限制,缺少相关应用软件和技术标准,没能对解译成果进行相应的数据库建设。在此次资源总量预测期间,应用中国国土资源航空物探遥感中心提供的遥感数据,建设吉林省遥感数据库。

六、区域地球化学数据库

吉林省化探数据主要以 1∶20 万水系测量数据为主并建立数据库,共有入库元素 39 个,原始数据点以 $4km^2$ 内原始采集样点的样品做一个组合样。此库建成后,吉林省没有开展同比例尺的地球化学填图工作,因此没有做数据更新工作。由于入库数据是采用组合样分析结果,因此入库数据不包含原始点位信息。这对通过划分汇水盆地确定异常和更有效地利用原始数据带来了一定困难。

七、1∶20 万自然重砂数据库

自然重砂数据库的建设与 1∶20 万地质图库建设基本保持同步。入库数据 35 个图幅,采样 47 312 点,涉及矿物 473 个,入库数据内容齐全,并有相应的空间数据采样点位图层。数据采用 ACCESS 格式。目前没有对其进行更新维护。

八、工作程度数据库

吉林省地质工作程度数据库由吉林省地质调查院 2004 年完成,内容全面,涉及地质、物探、化探、矿产、勘查、水文等内容。库中基本反映了中华人民共和国成立后吉林省地质调查、矿产勘查工作程度。采集的资料截至 2002 年,按本次工作要求进行了更新维护。

第三章 地质矿产概况

第一节 成矿地质背景

吉林省钨矿类型主要有矽卡岩型和岩浆后期热液型两种。与钨矿成矿有关的地层主要有五道沟群的马滴达组（∈—Om）、杨金沟组（∈—Oy）、香房子组（∈—Ox），石炭系—二叠系解放村组（C—P_3j），三叠系托盘沟组（T_3t），新生界土门子组（N_1t）。

马滴达组（∈—Om）：以变质砂岩、粉砂岩为主，夹有变安山岩、英安质火山岩和火山碎屑岩，厚度大于 227.6m。

杨金沟组（∈—Oy）：由灰黑色角闪石英片岩、绿色角闪片岩、黑云片岩夹条带状大理岩和变质砂岩组成，厚 570.4m。

香房子组（∈—Ox）：以黑色板状红柱石二云片岩、红柱石二云石英片岩、黑云角闪石英片岩为主，夹变质砂岩和粉砂岩，厚 1 225.4m。

解放村组（C—P_3j）：为陆相和海陆交互相的碎屑沉积岩系。局部有灰岩透镜体，产植物和动物化石，厚度 874.9m。在天桥岭一带，原划归柯岛群的黑色砂板岩中觅得 P-P 动物群和陕西蚌，但产化石的地层目前还没有实测剖面，归属未详，暂划归解放村组。

托盘沟组（T_3t）：由中酸性火山岩及其凝灰岩组成的一套地层。下部以中性火山岩为主夹凝灰质砾岩，上部以酸性火山岩占主导，夹有英安质火山岩，厚度 852m。

土门子组（N_1t）：由砾岩、砂岩、黏土岩为基本层序的岩石序列，夹有玄武岩及硅藻土层，产植物和孢粉，厚度 419.6m。

第二节 区域矿产特征

一、成矿特征

全省钨矿主要有矽卡岩型和岩浆期后热液型两种。它们均与海西晚期和燕山期花岗岩的侵入活动有关。以往因为对海西造山带的岩浆活动及其后叠加岩浆活动与钨矿成矿的关系研究相对薄弱，对钨矿的找矿前景认识不清。近年的找矿工作证实吉林省处于全国重要的钨钼成矿带上，钨矿资源找矿潜力巨大。吉林省涉钨矿产地见表 3-2-1。

表 3-2-1 吉林省涉钨矿产地一览表

编号	矿产地名	主矿种	地理经度	地理纬度	成矿类型	主矿产矿床规模	主矿产储量(t)	共、伴生矿种类	共、伴生矿资源储量(t)	成矿系列	成矿地层(时代)	成矿年龄	年龄误差	矿体空间组合类型
1	磐石铁山汞钨钼矿	钨-钼矿	E126°10′00″	N42°55′13″	矽卡岩型(接触交代型)	小型矿床	5 220.0	钼矿	2080	Mz2-31	下(早)三叠统(世)			脉状矿体—不规则状矿体
2	珲春市五道沟钨矿	钨矿	E130°54′24″	N43°05′47″	热液型	小型矿床	6 879.0			Mz2-31	上(晚)侏罗统(世)	187.5	9.5	脉状矿体
3	珲春县沟东钨矿	钨矿	E130°53′51″	N43°08′18″	热液型	矿点	905.7			Mz2-31	上(晚)侏罗统(世)	187.5	9.5	脉状矿体-透镜状矿体
4	汪清县白硐子钨矿	钨矿	E130°16′00″	N43°55′25″	矽卡岩型(接触交代型)	小型矿床	2 834.1			Mz2-31	上(晚)三叠统(世)	67.5	11.5	似层状矿体

二、矿产预测类型划分及其分布范围

杨金沟钨矿的预测类型为侵入岩浆型,预测方法类型为侵入岩浆型,分布范围为吉林省珲春市东部小西南岔—杨金沟一带。

第三节 区域地球物理、地球化学、遥感、自然重砂特征

一、区域地球物理特征

（一）重力

1.岩(矿)石密度

(1)各大岩类的密度特征：沉积岩的密度值小于岩浆岩和变质岩。不同岩性间的密度值变化情况为：沉积岩,$(1.51\sim2.96)\times10^3 kg/m^3$;变质岩,$(2.12\sim3.89)\times10^3 kg/m^3$;岩浆岩,$(2.08\sim3.44)\times10^3 kg/m^3$;喷出岩的密度值小于侵入岩的密度值,见图3-3-1。

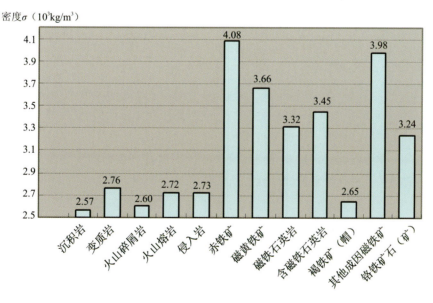

图 3-3-1 吉林省各类岩(矿)石密度参数直方图

(2)不同时代各类地质单元岩石密度变化规律：不同时代地层单元岩系总平均密度存在有密度的差异,其值有时代由新到老增大的趋势,地层时代越老,密度值越大;新生界密度为 $2.17\times10^3 kg/m^3$,中生界密度为 $2.57\times10^3 kg/m^3$,古生界密度为 $2.70\times10^3 kg/m^3$,元古宇$(2.76\times10^3 kg/m^3)$,太古宇$(2.83\times10^3 kg/m^3)$,由此可见新生界的密度值均小于前各时代地层单元的密度值,各时代均存在着密度差,见图3-3-2。

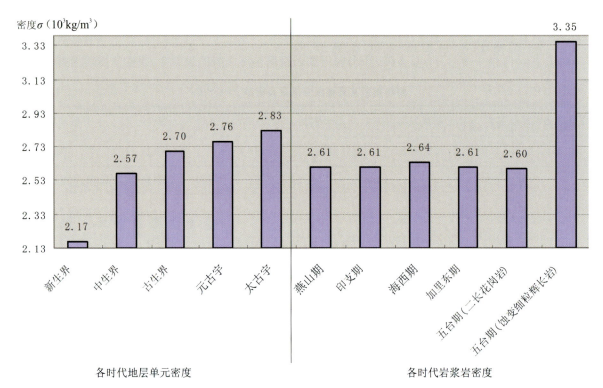

图 3-3-2 吉林省各时代地层单元、岩浆岩密度参数直方图

2.区域重力场基本特征及其地质意义

(1)区域重力场特征:在全省重力场中,宏观呈现"两高一低"重力区,位于西北及中部为重力高、东南部为重力低的基本分布特征。最低值在长白山—白山一线(见分区图Ⅲ16区);高值区出现在大黑山条垒(见分区图Ⅲ8区)区;瓦房镇-东屏镇(见分区图Ⅱ1区)为另一高值区;洮南、长岭一带(见分区图Ⅱ2区)异常较为平缓,呈小的局域特点分布;中部及东南部布格重力异常等值线大多呈北东向展布,大黑山条垒,尤其是辉南—白山—桦甸—黄泥河镇一带,等值线展布方向及局部异常轴向均呈北东向。北部桦甸—夹皮沟—和龙一带,等值线则多以北西向为主,向南逐渐变为东西向,至漫江则转为南北向,围绕长白山天池呈弧形展布,延吉、珲春一带也呈近弧状展布。

(2)深部构造特征:重力场值的区域差异特征反映了康氏面及莫霍面的变化趋势,曲线的展布特征则反映了明显的地质构造及岩性特征的规律性。从莫霍面图上可见,西北部及东南两侧呈平缓椭圆或半椭圆状,西北部洮南—乾安为幔坳区,中部松辽为幔隆区,中部为北东走向的斜坡,东南为张广才岭-长白山地幔坳陷区,而东部延吉珲春汪清为幔凸区。安图—延吉、柳河—桦甸一带所出现的北西向及北东向等深线梯度带表明,华北板块北缘边界断裂,反映了不同地壳的演化史及形成的不同地质体。

3.区域重力场分区

依据重力场分区的原则,划分为南北2个Ⅰ级重力异常区,见表3-3-1。

表 3-3-1　吉林省重力场分区一览表

I	II	III	IV
I 1 白城-吉林-延吉复杂异常区	II 1 大兴安岭东麓异常区	III 1 乌兰浩特-哲斯异常分区	IV 1 瓦房镇-东屏镇正负异常小区
	II 2 松辽平原低缓异常区	III 2 兴龙山-边昭正负异常分区	(1)重力低小区;(2)重力高小区
		III 3 白城-大岗子低缓负异常分区	(3)重力低小区;(4)重力高小区;(5)重力低小区;(6)重力高小区
		III 4 双辽-梨树负异常分区	(7)重力高小区;(11)重力低小区;(20)重力高小区;(21)重力低小区
		III 5 乾安-三盛玉负异常分区	(8)重力低小区;(9)重力高小区;(10)重力高小区;(12)重力低小区;(13)重力低小区;(14)重力高小区
		III 6 农安-德惠正负异常分区	(17)重力高小区;(18)重力高小区;(19)重力高小区
		III 7 扶余-榆树负异常分区	(15)重力低小区;(16)重力低小区
	II 3 吉林中部复杂正负异常区	III 8 大黑山正负异常分区	
		III 9 伊-舒带状负异常分区	
		III 10 石岭负异常分区	IV 2 辽源异常小区
			IV 3 椅山-西堡安异常低值小区
		III 11 吉林弧形复杂负异常分区	IV 4 双阳-官马弧形负异常小区
			IV 5 大黑山-南楼山弧形负异常小区
			IV 6 小城子负异常小区
			IV 7 蛟河负异常小区
		III 12 敦化复杂异常分区	IV 8 牡丹岭负异常小区
			IV 9 太平岭-张广才岭负异常小区
	II 4 延边复杂负异常区	III 13 延边弧状正负异常区	
		III 14 五道沟弧线形异常分区	
I 2 龙岗-长白半环状低值异常区	II 5 龙岗复杂负异常区	III 15 靖宇异常分区	IV 10 龙岗负异常小区
			IV 11 白山负异常小区
			IV 12 和龙环状负异常小区
		III 16 浑江负异常低值分区	IV 13 清和复杂负异常小区
			IV 14 老岭负异常小区
			IV 15 浑江负异常小区
	II 6 八道沟-长白异常区	III 17 长白负异常分区	

4.深大断裂

吉林省地质构造复杂,在漫长的地质历史演变中,经历过多次地壳运动,在各个地质发展阶段和各个时期的地壳运动中均相应形成了一系列规模不等、性质不同的断裂。这些断裂,尤其是深大断裂一般都经历了长期的、多旋回的发展过程,它们与吉林省地质构造的发展、演化及成岩成矿作用有着密切的关系。《吉林省地质志》中的"深大断裂"一章将吉林省断裂按切割地壳深度的规模大小、控岩控矿作用以及展布形态等大致分为超岩石圈断裂、岩石圈断裂、壳断裂和一般断裂及其他断裂。

(1)超岩石圈断裂:吉林省超岩石圈断裂只有1条,称中朝准地台北缘超岩石圈断裂,即"赤峰-开源-辉南-和龙深断裂"。这条超岩石圈断裂横贯我省南部,由辽宁省西丰县进入我省海龙、桦甸,过老金厂、夹皮沟、和龙、向东延伸至朝鲜境内,是一条规模巨大、影响很深、发育历史长久的断裂构造带。实际上它是中朝准地台和天山-兴隆地槽的分界线。总体走向为东西向,省内长达260km;宽5~20km。由于受后期断裂的干扰、错动,使其早期断裂痕迹不易辨认,并且使走向在不同地段发生北东、北西向偏转和断开、位移,从而形成了现今平面上具有折断状的断裂构造,见图3-3-3。

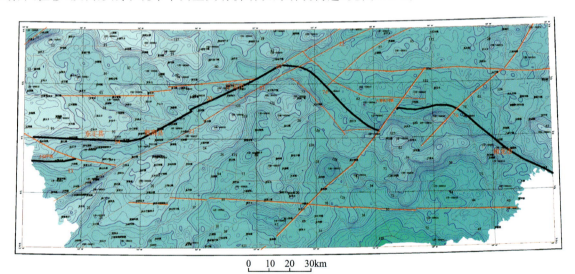

图3-3-3 开源-桦甸-和龙超岩石圈断裂布格重力异常图

重力场基本特征:断裂线在布格重力异常平面图上呈北东、东西向密集梯度带排列,南侧为环状、椭圆形,西部断裂以北东向的重力异常为主。这种不同性质重力场的分界线,无疑是断裂存在的标志。从东丰到辉南段为重力梯度带,梯度较陡;夹皮沟到和龙一段,也是重力梯度带,水平梯度走向有变化,应该是被多个断裂错断所致,但梯度较密集。在重力场上延10km、20km等值线平面图、以及重力垂向一导、二导图上,该断裂更为显著,东丰经辉南到桦甸折向和龙。除东丰到辉南一带为线状的重力高值带外,其余均为线状重力低值带,它们的极大处和极小处便是该断裂线的位置。从莫霍面等深度图上可见:该断裂只在个别地段有某些显示,说明该断裂切割深度并非连续均匀。西丰至辉南段表现同向扭曲,辉南至桦甸段显示不出断裂特征,而桦甸至和龙段有同向扭曲,表明有断裂存在。莫霍面上表示深度为37~42km,从而断定此断裂在部分地段已切入上地幔。

地质特征:小四平—海龙一带,断裂南侧为太古宇夹皮沟群、中元古界色洛河群,北侧为下古生界地槽型沉积。断裂明显,发育在海西期花岗岩中。柳树河子—大浦柴河一带有基性—超基性岩平等断裂展布,和龙—白金一带有大规模的花岗岩体展布。

(2)岩石圈断裂:该断裂带位于二龙山水库-伊通-双阳-舒兰,呈北东方向延伸,过黑龙江依兰-佳木斯-箩北进入俄罗斯境内。该断裂于二龙山水库,被冀东向四平-德惠断裂带所截。在省内由2条相互平行的北东向断裂构成,宽 15～20km,走向 45°～50°。省内长达 260km。在其狭长的"槽地"中,沉积了厚 2000 多米的中新生代陆相碎屑岩,其中第三纪(古近纪+新近纪)沉积物应有 1000 多米,从而形成了狭长的依兰-伊通地堑盆地。

重力场特征:断裂带重力异常梯度带密集,呈线状,走向明显,在吉林省布格重力异常垂向一、二阶导平面图及滑动平均(30km×30km、14km×14km)剩余异常平面图上可见,延伸狭长的重力低值带,在其两侧狭长延展的重力高值带的衬托下,其异常带显著,该重力低值带宽窄不断变化,并非均匀展布,而在伊通—乌拉街一带稍宽大些,这段分别被东西向重力异常隔开,这说明在形成过程中受东西向构造影响,见图 3-3-4。

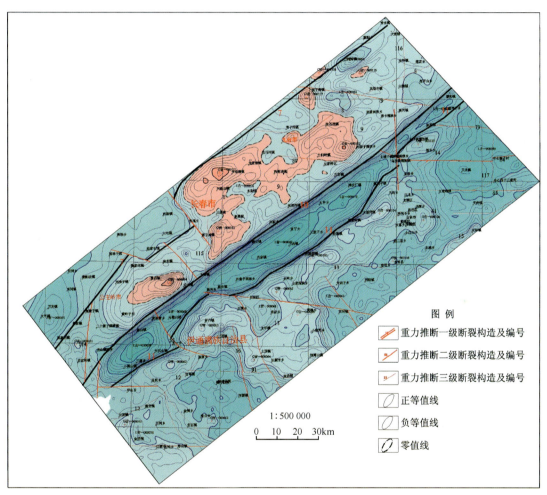

图 3-3-4　依兰-伊通岩石圈断裂带布格重力异常图

从重力场上延 5km、10km、20km 等值线平面图上看,该断裂显示得尤为清晰、醒目,线状重力低值带与重力高值带相依为伴,并行延展,它们的极小与极大处便是该断裂在重力场上的反映。重力二次导数的零值及剩余异常图的零值,为圈定断裂提供了更为准确可靠的依据。

再从莫霍面和康氏面等深图上及滑动平均 60km×60km 图可知,该断裂有显示,此段等值线密集,重力梯度带十分明显;双阳—舒兰段,莫霍面及康氏面等厚线密集,形状规则,呈线状展布。沿断裂方向莫霍面深度为 36～37.5km,断裂的个别地段已切入下地幔,由上述重力特征可见此断裂反映了岩石圈断裂定义的各个特征。

(二)航磁

1.区域岩(矿)石磁性参数特征

根据收集的岩(矿)石磁性参数整理统计,吉林省岩(矿)石的磁性强弱可以分成4个级次。极弱磁性、弱磁性、中等磁性、强磁性。

沉积岩基本上无磁性,但是四平、通化地区的砾岩、砂砾岩有弱的磁性。

变质岩类:正常沉积的变质岩大都无磁性,角闪岩、斜长角闪岩普遍显中等磁性,而通化地区的斜长角闪岩,吉林地区的角闪岩只具有弱磁性。

片麻岩、混合岩在不同地区具不同的磁性。吉林地区该类岩石具较强磁性,延边及四平地区则为弱磁性,而在通化地区则无磁性。总的来看,变质岩的磁性变化较大,有的岩石在不同地区有明显差异。

火山岩类岩石普遍具有磁性,并且具有从酸性火山岩→中性火山岩→基性、超基性火山岩,由弱到强的变化规律。

岩浆岩中酸性岩浆岩磁性变化范围较大,可由无磁性变化到有磁性。其中吉林地区的花岗岩具有中等程度的磁性,而其他地区花岗岩类多为弱磁性,延边地区的部分酸性岩表现为无磁性。

四平地区的碱性岩-正长岩表现为强磁性。吉林、通化地区的中性岩磁性为弱—中等强度,而在延边地区则为弱磁性。

基性—超基性岩类除在延边和通化地区表现为弱磁性外,其他地区则为中等—强磁性。

磁铁矿及含铁石英岩均为强磁性,而有色金属矿矿石一般来说均不具有磁性。

从总的趋势来看,各类岩石的磁性基本上以沉积岩、变质岩、火成岩的顺序逐渐增强,见图3-3-5。

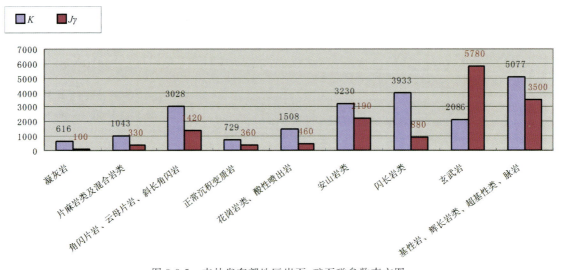

图3-3-5 吉林省东部地区岩石、矿石磁参数直方图

2.吉林省区域磁场特征

吉林省在航磁图上基本反映出3个不同场区特征,东部山区敦化-密山断裂以东地段,以东升高波动的老爷岭长白山磁场区为主,该磁场区向东分别进入俄罗斯和朝鲜境内,向南向北分别进入辽宁省和黑龙江省内;敦化-密山断裂以西,四平、长春、榆树以东的中部为丘陵区,磁异常强度和范围都明显低于东部山区,向南向北分别进入辽宁省和黑龙江省内;西部为松辽平原中部地段,为低缓平稳的松辽磁场区,向南北亦分别进入辽宁省及黑龙江省。

(1)东部山区磁场特征:东部山地北起张广财岭,向西南沿至柳河,通化交界的龙岗山脉以东地段,该区磁场特征是以大面积正异常为主,一般磁异常极大值为500~600nT,大蒲柴河—和龙一线为华北地台北缘东段一级断裂(超岩石圈断裂)的位置。大蒲柴河—和龙以北区域磁场特征:在大蒲柴河—和龙以北区域,航磁异常整体上呈北西走向,两块宽大北西走向正磁场区之间夹北西走向宽大的负磁场区,正磁场区和负磁场区上的各局部异常走向大多为北东向。异常最大值为300~550nT。航磁正异常主要是晚古生代以来花岗岩、花岗闪长岩及中新生代火山岩磁性的反映。磁异常整体上呈北西走向主要是与区域上的一级、二级断裂构造方向及局部地体的展布方向为北西走向有关,而局部异常走向北东向主要是受次级的二级、三级断裂构造及更小的局部地体分布方向所控制。

大蒲柴河—和龙以南区域磁场特征:在大蒲柴河-和龙以南区域是东南部地台区,西部以敦密断裂带为界,北部以地台北缘断裂带为界,西南到吉林和辽宁省界,东到吉林省和朝鲜国界。

靠近敦密断裂带和地台北缘断裂带的磁场以正场区为主,磁异常走向大致与断裂带平行。

西部正异常强度为100~400nT,走向以北东为主,正背景场上的局部异常梯度陡,主要反映的是太古宙花岗质、闪长质片麻岩,中、新太古代变质表壳岩及中-新生代火山岩的磁场特征。

北部靠近地台北缘断裂带的磁场区,以北西走向为主,强度为150~450nT,正背景场上的局部异常梯度陡,靠近北缘断裂带的磁异常以串珠状形式向外延展,总体呈弧形或环形异常带。

西支的弧形异常带从松山、红石、老金厂、夹皮沟、新屯子、万良到抚松,围绕龙岗地块的东北侧外缘分布,主要是中太古代闪长质片麻岩、中太古代变质表壳岩、新太古代变质表壳岩、寒武纪花岗闪长岩磁性的反映,中太古代变质表壳岩、新太古代变质表壳岩是含铁的主要层位。

东支的环形异常带从二道白河、两江、万宝、和龙到崇善以北区域,主要围绕和龙地块的边缘分布,各局部异常则多以东西走向为主,但异常规模较大,异常梯度也陡。大面积中等强度航磁异常主要是中太古花岗闪长岩的反映,强度较低异常主要是侏罗纪花岗岩引起,半环形磁异常上几处强度较高的局部异常则是强磁性的玄武岩和新太古代表壳岩、太古宙变质基性岩引起。对应此半环形航磁异常,有一个与之基本吻合的环形重力高异常,说明环形异常主要为新太古代表壳岩、太古代变质基性岩引起。特别在半环形磁异常上东段的几处局部异常,结合剩余重力异常为重力高的特征,推断为半隐伏、隐伏新太古代表壳岩、太古宙变质基性岩引起的异常,非常具备寻找隐伏磁铁矿的前景。

中部以大面积负磁场区为主,是吉南元古代裂谷区内的碳酸盐岩、碎屑岩及变质岩的磁异常的反映,大面积负磁场区内的局部正异常主要以中生代中酸性侵入岩体及中新生代火山岩磁性的反映。

南部长白山天池地区,是一片大面积的正负交替、变化迅速的磁场区,磁异常梯度大,是大面积玄武岩的反映。

敦化-密山断裂带磁场特征:敦化-密山深大断裂带,省内长度250km,宽5~10km,走向北东,是一系列平行的,成雁行排列的次一级断裂组成的一个相当宽的断裂带。它的北段在磁场图上显示一系列正负异常剧烈频繁交替的线性延伸异常带,是一条由第三纪玄武岩沿断裂带喷溢填充的线性岩带。这条呈线性展布的岩带,恰是断裂带的反映。

(2)中部丘陵区磁场特征:东起张广财岭—富尔岭—龙岗山脉一线以西,四平、长春、榆树以东的中部为丘陵区。该区磁场特征可分为四种场态特征,叙述如下:①大黑山条垒场区:航磁异常呈楔形,南窄北宽,各局部异常走向以北东向为主,以条垒中部为界,南部异常范围小,强度低,北部异常范围大,强度大,最大值达到350~450nT。航磁异常主要是中生代中酸性侵入岩体引起的。②伊通-舒兰地堑为中新生代沉积盆地,磁场为大面积的北东走向的负场区,西侧陡,东侧缓,负场区中心靠近西侧,说明西侧沉积厚度比东侧深。③南部石岭隆起区,异常多数呈条带状分布,走向以北西向为主,南侧强度为100~200nT。南侧异常为东西走向,这与所处石岭隆起区域北西向断裂构造带有关,这些北西走向的各个构造单元控制了磁异常分布形态特征。异常主要与中生代中酸性侵入岩体有关。石岭隆起区北侧为盘双接触带,接触带附近的负场区对应晚古生代地层。④北侧吉林复向斜区内航磁异常大部分为晚古生代,中生代中酸性侵入岩体引起的。

（3）平原区磁场特征：吉林西部为松辽平原中部地段，两侧为一宽大的负异常，表明该地段中新生代正常沉积岩层的磁场。这是岩相岩性较为典型的湖相碎屑沉积岩，沉积韵律稳定，厚度巨大，产状平稳，火山活动很少，岩石中缺少铁磁性矿物组分，松辽盆地中-新生代沉积岩磁性极弱，因此在这套中新生代地层上显示为单调平稳的负磁场。

二、区域地球化学特征

（一）元素分布及浓集特征

1.元素的分布特征

经过对全省1∶20万水系沉积物测量数据的系统研究以及依据地球化学块体的元素专属性，编制了中东部地区地球化学元素分区及解释推断地质构造图，并在此基础上编制了主要成矿元素分区及解释推断图，见图3-3-6。

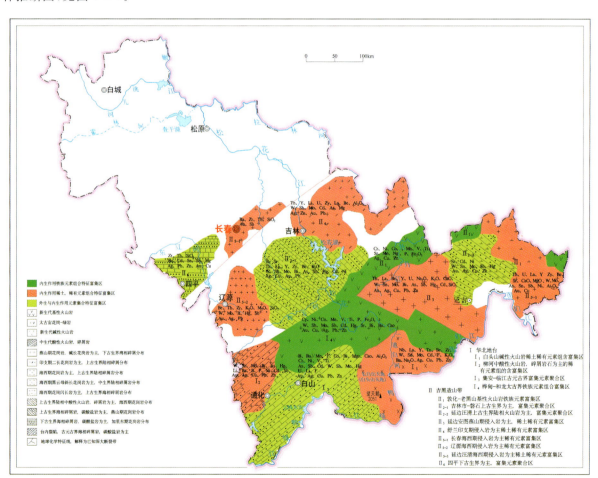

图3-3-6　中东部地区地球化学元素分区及解释推断地质构造图

图 3-3-6 中,3 种颜色分别代表内生作用铁族元素组合特征富集区,内生作用稀有、稀土元素组合特征富集区,外生与内生作用元素组合特征富集区。

铁族元素组合特征富集区的地质背景是吉林省新生代基性火山岩、太古宙花岗-绿岩地质体的主要分布区,主要表现的是 Cr、Ni、Co、Mn、V、Ti、P、Fe_2O_3、W、Sn、Mo、Hg、Sr、Au、Ag、Cu、Pb、Zn 等元素(或氧化物)的高背景区(元素富集场),尤以太古宙花岗-绿岩地质体表现突出,是吉林省金、铜成矿的主要矿源层位。

图 3-3-7 更细致地划分出主要成矿元素的分布特征。如太古宙花岗-绿岩地质体内划分出 5 处 Au、Ag、Ni、Cu、Pb、Zn 成矿区域,构成吉林省重要的金、铜成矿带。

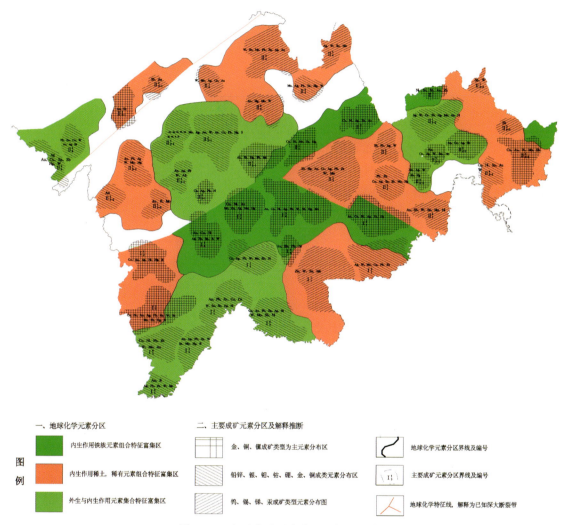

图 3-3-7 主要成矿元素分区及解释推断图

内生作用稀有、稀土元素组合特征富集区,主要表现的是 Th、U、La、Be、Li、Nb、Y、Zr、Sr、Na_2O、K_2O、MgO、CaO、Al_2O_3、Sb、F、B、As、Ba、W、Sn、Mo、Au、Ag、Cu、Pb、Zn 等元素(或氧化物)的高背景区。主要的成矿元素为 Au、Cu、Pb、Zn、W、Sn、Mo,尤以 Au、Cu、Pb、Zn、W 表现优势。地质背景为新生代碱性火山岩、中生代中酸性火山岩、火山碎屑岩以及海西期、印支期、燕山期为主的花岗岩类侵入岩体。

外生与内生作用元素组合特征富集区以槽区分布良好。主要表现的是 Sr、Cd、P、B、Th、U、La、Be、Zr、Hg、W、Sn、Mo、Au、Cu、Pb、Zn、Ag 等元素富集场,主要的成矿元素为 Au、Cu、Pb、Zn。地质背景为古元古界、古生界的海相碎屑岩、碳酸盐岩以及上古生界的中酸性火山岩、火山碎屑岩,同时有海西期、燕山期的侵入岩体分布。

2.元素的浓集特征

应用1∶20万化探数据,计算全省8个地质子区(图3-3-8)的元素算术平均值。通过与全省元素算术平均值和地壳克拉克值对比,可以进一步量化吉林省39种地球化学元素区域性的分布趋势和浓集特征。

全省39种元素(包括氧化物)在中东部地区的总体分布态势及在8个地质子区当中的平均分布特征。按照元素平均含量从高到低排序为 SiO_2—Al_2O_3—F_2O_3—K_2O—MgO—CaO—NaO—Ti—P—Mn—Ba—F—Zr—Sr—V—Zn—Sn—U—W—Mo—Sb—Bi—Cd—Ag—Hg—Au,表现出造岩元素—微量元素—成矿系列元素的总体

图3-3-8 吉林省地质子区划分

变化趋势,说明全省39种元素(包括氧化物)在区域上的分布分配符合元素在空间上的变化规律,这对研究吉林省元素在各种地质体中的迁移富集贫化有重要意义。

从整体上看,主要成矿元素Au、Cu、Zn、Sb在8个地质子区内的均值比地壳克拉克值要低。Au元素能够在吉林省重要的成矿带上富集成矿,说明Au元素的富集能力超强,而且在另一方面也表明在吉林省重要的成矿带上,断裂构造非常发育,岩浆活动极其频繁,使得Au元素在后期叠加地球化学场中变异、分散的程度更强烈。

Cu、Sb元素在8个地质子区内的分布呈低背景状态,而且其富集能力较Au元素弱,因此Cu、Sb元素在吉林省重要的成矿带上富集成矿的能力处于弱势,成矿规模偏小。

而Pb、W、稀土元素均值高于地壳克拉克值,显示高背景值状态,对成矿有利。

特别需要说明的是,⑦地质子区为长白山火山岩覆盖层,属特殊景观区,Nb、La、Y、Be、Th、Zr、Ba、W、Sn、Mo、F、Na_2O、K_2O、Au、Cu、Pb、Zn等元素(或氧化物)均呈高背景值状态分布,是否具备矿化富集需进一步研究。

8个地质子区均值与地壳克拉克值的比值大于1的元素有As、B、Zr、Sn、Be、Pb、Th、W、Li、U、Ba、La、Y、Nb、F,如果按属性分类,Ba、Zr、Be、Th、W、Li、U、Ba、La、Nb、Y均为亲石元素,与酸碱性的花岗岩浆侵入关系密切。在②地质子区、③地质子区、④地质子区广泛分布。As、Sn、Pb为亲硫元素,是热液型硫化物成矿的反映,查看异常图,As、Sn、Pb在②地质子区、③地质子区、④地质子区亦有较好的展现。尤其是As(4.19)、B(4.01),显示出较强的富集态势,而As为重矿化剂元素,来自深源构造,对寻找矿体具有直接指示作用。B、F属气成元素,具有较强的挥发性,是酸性岩浆活动的产物,As、B的强富集反映出岩浆活动、构造活动的发育,也反映出吉林省东部山区后生地球化学改造作用的强烈,对吉林省成岩、成矿作用影响巨大。这一点与Au元素富集成矿所表现出来的地球化学意义相吻合。

8个地质子区元素平均值与全省元素平均值比值研究表明,主要成矿元素Au、Ag、Cu、Pb、Zn、Ni相对于省均值,在④地质子区、⑤地质子区、⑥地质子区、⑦地质子区、⑧地质子区的富集系数都大于1或接近1,说明Au、Ag、Cu、Pb、Zn、Ni在这5个地质区域内处于较强的富集状态,即:主要于吉林省的台区为高背景值区,是重点找矿区域。区域成矿预测证明④地质子区、⑤地质子区、⑥地质子区、⑦地质子区、⑧地质子区是吉林省贵金属、有色金属的主要富集区域,有名的大型矿床、中型矿床都聚于此。

在②地质子区 Ag、Pb 富集系数都为 1.02，Au、Cu、Zn、Ni 的富集系数都接近 1，也显示出较好的富集趋势，值得重视。

W、Sb 的富集态势总体显示较弱，只在①地质子区、②地质子区和⑥地质子区、⑦地质子区表现出一定富集趋势。这表明，在表生介质中，元素富集成矿的能力呈弱势。这与吉林省 W、Sb 矿产的分布特点相吻合。

稀土元素除 Nb 以外，Y、La、Zr、Th、Li 在①地质子区、②地质子区和⑦地质子区、⑧地质子区的富集系数都大于 1 或接近 1，显示一定的富集状态，是稀土矿预测的重要区域。

Hg 是典型的低温元素，可作为前缘指示元素用于评价矿床剥蚀程度。另外，作为远程指示元素，Hg 是预测深部盲矿的重要标志。富集系数大于 1 的子区有③、⑤、⑥地质子区，显示 Hg 元素在吉林省主要的成矿区，用于 Au、Ag、Cu、Pb、Zn 可起到重要作用。

F 作为重要的矿化剂元素，在⑥地质子区、⑦地质子区、⑧地质子区中有较明显的富集态势，表明 F 元素在后期的热液成矿中，对 Au、Ag、Cu、Pb、Zn 等主成矿元素的迁移、富集起到非常重要的作用。

（二）区域地球化学场特征

全省可以划分为以铁族元素为代表的同生地球化学场；以稀有、稀土元素为代表的同生地球化学场以及亲石、碱土金属元素为代表的同生地球化学场。本次根据元素的因子分析图示，对以往的构造地球化学分区进行适当修整，见图 3-3-9。

图 3-3-9　吉林省中东部地区同生地球化学场分布图

三、区域遥感特征

（一）区域遥感特征分区及地貌分区

吉林省遥感影像图是利用 2000—2002 年接收的吉林省内 22 景 ETM 数据经计算机录入、融合、校正并镶嵌后，选择 B7、B4、B3 三个波段分别赋予红、绿、蓝后形成的假彩色图像。

吉林省的遥感影像特征可按地貌类型分为长白山中低山区,包括张广才岭、龙岗山脉及其以东的广大区域,遥感图像上主要表现为绿色、深绿色,中山地貌。除山间盆地谷地及玄武岩台地外,其他地区地形切割较深,地形较陡,水系发育;长白低山丘陵区,西部以大黑山西麓为界,东至蛟河-辉发河谷地,多为海拔500m以下的缓坡宽谷的丘陵组成,沿河一带发育成串的小盆地群或长条形地堑,其遥感影像特征主要表现为绿色-浅绿色,山脚及盆地多显示为粉色或偶荷色,低山丘陵地貌,地形坡度较缓,冲沟较浅,植被覆盖度为30%～70%;大黑山条垒以西至白城西岭下镇,为松辽平原部分,东部为台地平原区,又称大黑山山前台地平原区,地面高度在200～250m之间,地形呈波状或浅丘状;西部为低平原区,又称冲积湖积平原或低原区,该区地势最低,海拔为110～160m,为大面积冲湖积物,湖泡周边及古河道发生极强的土地盐渍化,遥感图像上显示为粉色、浅粉色及粉白色,西南部发育土地沙化,呈沙垄、沙丘等,遥感图像上为砖红色条带状或不规则块状;岭下镇以西,为大兴安岭南麓,属低山丘陵区,遥感图像上显示为红色及粉红色,丘陵地貌,多以浑圆状山包显示,冲沟极浅,水系不甚发育。

(二)区域地表覆盖类型及其遥感特点

长白山中低山区及低山丘陵区,植被覆盖度高达70%,并且多以乔、灌木林为主,遥感图像上主要表现为绿色、深绿色;盆地或谷地主要表现为粉或偶荷色,主要被农田覆盖;松辽平原区,东部为台地平原,此区为大面积新生界冲洪积物,为吉林省重要产粮基地,地表被大面积农田覆盖,遥感图像上为绿色或紫红色;西部为低平原区,又称冲积湖积平原或低原区,该区地势最低,海拔为110～160m,为大面积冲湖积物,湖泊周边及古河道发生极强的土地盐渍化,遥感图像上显示为粉色、浅粉色及粉白色,西南部发育土地沙化,呈沙垄、沙丘等,遥感图像上为砖红色条带状或不规则块状;岭下镇以西,为大兴安岭南麓,属低山丘陵区,植被较发育,多以低矮草地为主,遥感图像上显示为浅绿色或浅粉色。

(三)区域地质构造特点及其遥感特征

吉林省地跨两大构造单元,大致以开原-山城镇-桦甸-和龙连线为界,南部为中朝准地台,北部为天山-兴安地槽区,槽台之间为一个规模巨大的超岩石圈断裂带(华北地台北缘断裂带),遥感图像上主要表现为近东西走向的冲沟、陡坎、两种地貌单元界线,并伴有与之平行的糜棱岩带形成的密集纹理。吉林省的大型断裂全部表现为北东走向,它们多为不同地貌单元的分界线,或对区域地形地貌有重大影响,遥感图像上多表现为北东走向的大形河流、两种地貌单元界线、北东向排列陡坎等。吉林省的中型断裂表现在多方向上,主要有北东向、北西向、近东西向和近南北向,它们以成带分布为特点,单条断裂长度十几千米至几十千米,断裂带长度几十千米至百余千米,其遥感影像特征主要表现为冲沟、山鞍、洼地等,控制二、三级水系。小型断裂遍布吉林省的低山丘陵区,规模小,分布规律不明显,断裂长几千米至十几千米或数十千米,遥感图像上主要表现为小型冲沟、山鞍或洼地。

吉林省的环状构造比较发育,遥感图像上多表现为环形或弧形色线、环状冲沟、环状山脊、偶尔可见环形色块,其规模从几千米到几十千米,大者可达数百千米,其分布具有较强的规律性,主要分布于北东向线性构造带上,尤其是该方向线性构造带与其他方向线性构造带交会部位,环形构造成群分布;块状影像主要为北东向相邻线性构造形成的挤压透镜体以及北东向线性构造带与其他方向线性构造带交会,形成菱形块状或眼球状块体,其分布明显受北东向线性构造带控制。

四、区域自然重砂特征

(一)区域自然重砂矿物特征及其分布规律

1.铁族矿物:磁铁矿、黄铁矿、铬铁矿

磁铁矿在中东部地区分布较广,以放牛沟地区、头道沟-吉昌地区、塔东地区、五凤顶地区以及闹枝-棉田地区集中分布。磁铁矿的这一分布特征与吉林省航磁 ΔT 等值线相吻合。黄铁矿主要分布在通化、白山及龙井、图们地区。

铬铁矿分布较少,只在香炉碗子-山城镇地区、刺猬沟-九三沟地区和金谷山-后底洞地区展现。

2.有色金属矿物:白钨矿、锡石、方铅矿、黄铜矿、辰砂、毒砂、泡铋矿、辉钼矿、辉锑矿

白钨矿是吉林省分布较广的重砂矿物,主要分布在位于吉林省中东部地区中部的辉发河-古洞河东西向复杂成矿构造带上,即红旗岭-漂河川成矿带、柳河-那尔轰成矿带、夹皮沟-金城洞成矿带和海沟成矿带上。在辉发河-古洞河成矿构造带的西北端的大蒲柴河-天桥岭成矿带、百草沟-复兴成矿带和春化-小西南岔成矿带上也有较集中的分布。在吉林市的江密峰镇、天岗镇、天北镇以及白山地区的石人镇、万良镇亦有少量分布。

锡石主要分布在中东部地区的北部,以福安堡、大荒顶子和柳树河—团北林场最为集中,中部地区的漂河川及刺猬沟-九三沟有零星分布。

方铅矿作为重砂矿物主要分布在矿洞子-青石镇地区、大营-万良地区和荒沟山-南岔地区,其次是山门地区、天宝山地区和闹枝-棉田地区,而夹皮沟-溜河地区、金厂镇地区亦有零星分布。

黄铜矿集中分布在二密-老岭沟地区,部分分布在赤柏松-金斗地区、金厂地区和荒沟山-南岔地区,在天宝山地区、五凤地区、闹枝-棉田地区呈零星分布状态。

辰砂在中东部地区分布较广,山门-乐山、兰家-八台岭成矿带,那丹伯--座营、山河-榆木桥子、上营-蛟河成矿带,红旗岭-漂河川、柳河-那尔轰、夹皮沟-金城洞、海沟成矿带,大蒲柴河-天桥岭、百草沟-复兴、春化-小西南岔成矿带,以及二密-靖宇、通化-抚松、集安-长白成矿带都有较密集的分布,是金矿、银矿、铜矿、铅锌矿评价预测的重要矿物之一。

毒砂、泡铋矿、辉钼矿、辉锑矿在中东部地区分布稀少,其中,毒砂在二密-老岭沟地区以一小型汇水盆地出现,在刺猬沟-九三沟地区、金谷山-后底洞地区及其北端以零星状态分布。泡铋矿集中分布在五凤地区和刺猬沟-九三沟地区及其外围。辉钼矿以零星点分布在石嘴-官马地区、闹枝-棉田地区和小西南岔-杨金沟地区中。辉锑矿以4个点异常分布在万宝地区。

3.贵金属矿物:自然金、自然银

自然金与白钨矿的分布状态相似,以沿着敦密断裂及辉发河-古洞河东西向复杂构造带分布为主,在其两侧亦有较为集中的分布。从分级图上看,整体分布态势可归纳为4部分:一是沿石棚沟—夹皮沟—海沟—金城洞一线呈带状分布,二是在矿洞子—正岔—金厂—二密一带,三是分布在五凤—闹枝—刺猬沟—杜荒岭—小西南岔一带,四是沿山门-放牛沟到上河湾呈零星状态分布。第一带近东西向横贯吉林省中部区域称为中带,第二带位置位于吉林省南部称为南带,第三带位于吉林省东北部延边地区称为北带,第四部分在大黑山条垒一线称为西带。

自然银只有 2 个高值点异常,分布在矿洞子-青石镇地区北侧。

4.稀土矿物:独居石、钍石、磷钇矿

独居石在吉林省中东部地区分布广泛,分布在万宝-那金成矿带,山门-乐山、兰家-八台岭成矿带,那丹伯——座营、山河-榆木桥子、上营-蛟河成矿带,红旗岭-漂河川、柳河-那尔轰、夹皮沟-金城洞、海沟成矿带,大蒲柴河-天桥岭、白草沟-复兴、春化-小西南岔成矿带,二密-靖宇、通化-抚松、集安-长白等Ⅳ级成矿带,整体呈条带状分布。

钍石分布比较明显,主要集中在五凤地区、闹枝-棉田地区,山门-乐山、兰家-八台岭地区,那丹伯-一座营、山河-榆木桥子、上营-蛟河地区。

磷钇矿分布较稀少,而且零散,主要分布在福安堡地区、上营地区的西侧,大荒顶子地区西侧,漂河川地区北端,万宝地区。

5.非金属矿物:磷灰石、重晶石、萤石

磷灰石在吉林省中东部地区分布最为广泛,主要体现在整个中东部地区的南部。以香炉碗子——石棚沟——夹皮沟——海沟——金城洞一带集中分布,而且分布面积大,沿复兴屯——金厂——赤柏松——二密一带也分布有较大规模的磷灰石;椅山-湖米预测工作区及外围、火炬丰预测工作区及外围、闹枝-棉田预测工作区有部分分布。其他区域磷灰石以零散状态存在。

重晶石亦主要存在于东部山区的南部,呈两条带状分布,即古马岭-矿洞子-复兴屯-金厂和板石沟-浑江南-大营-万良。椅山-湖米地区、金城洞-木兰屯地区和金谷山-后底洞地区以零星状分布。

萤石只在山门地区和五凤地区以零星点形式存在。

以上 20 种重砂矿物均分布在吉林省中东部地区,其分布特征与不同时代的岩性组合、侵入岩的不同岩石类型都具有一定的内在联系。以往的研究表明:这 20 种自然重砂矿物在白垩系、侏罗系、二叠系、寒武系—石炭系、震旦系及太古宇中都有不同程度的存在。古元古界集安群和老岭群地层作为吉林省重要的成矿建造层位,其重砂矿物分布众多,重砂异常发育,与成矿关系密切。燕山期和海西期侵入岩在吉林省中东部地区大面积出露,其重砂矿物如:自然金、白钨矿、辰砂、方铅矿、重晶石、锡石、黄铜矿、毒砂、磷钇矿、独居石等都有较好展现,而且在人工重砂取样中也达到较高的含量。

第四章 预测评价技术思路

第一节 指导思想

本次工作以科学发展观为指导,以提高吉林省钨矿矿产资源对经济社会发展的保障能力为目标,以先进的成矿理论为指导,以全国矿产资源潜力评价项目总体设计书为总纲,以 GIS 技术为平台规范而有效的资源评价方法、技术为支撑,以地质矿产调查、勘查以及科研成果等多元资料为基础,在中国地质调查局及全国项目组的统一领导下,采取专家主导,产学研相结合的工作方式,全面、准确、客观地评价吉林省钨矿矿产资源潜力,提高对吉林省区域成矿规律的认识水平,为吉林省及国家编制中长期发展规划、部署矿产资源勘查工作提供科学依据及基础资料。同时通过工作完善资源评价理论与方法,并培养一批科技骨干及综合研究队伍。

第二节 工作原则

本次工作坚持尊重地质客观规律实事求是的原则;坚持一切从国家整体利益和地区实际情况出发,立足当前,着眼长远,统筹全局,兼顾各方的原则;坚持全国矿产资源潜力评价"五统一"的原则;坚持由点及面,由典型矿床到预测区逐级研究的原则;坚持以基础地质成矿规律研究为主,以物探、化探、遥感、自然重砂多元信息并重的原则;坚持由表及里的原则,由定性到定量的原则;以充分发挥各方面优势尤其是专家的积极性,产学研相结合的原则;坚持既要自主创新,符合地区地质情况,又可进行地区对比和交流的原则,坚持全面覆盖、突出重点的原则。

第三节 技术路线

本次工作充分搜集以往的地质矿产调查、勘查、物探、化探、自然重砂、遥感以及科研成果等多元资料;以成矿理论为指导,开展区域成矿地质背景、成矿规律、物探、化探、自然重砂、遥感多元信息研究,编制相应的基础图件,以Ⅳ级成矿区(带)为单位,深入全面总结主要矿产的成矿类型,研究以成矿系列为核心内容的区域成矿规律;全面利用物探、化探、遥感所显示的地质找矿信息;运用体现地质成矿规律内涵的预测技术,全面全过程应用 GIS 技术,在Ⅳ、Ⅴ级成矿区内圈定预测区基础上,实现全省铁矿资源潜力评价。

第四节 工作流程

工作流程见图 4-4-1。

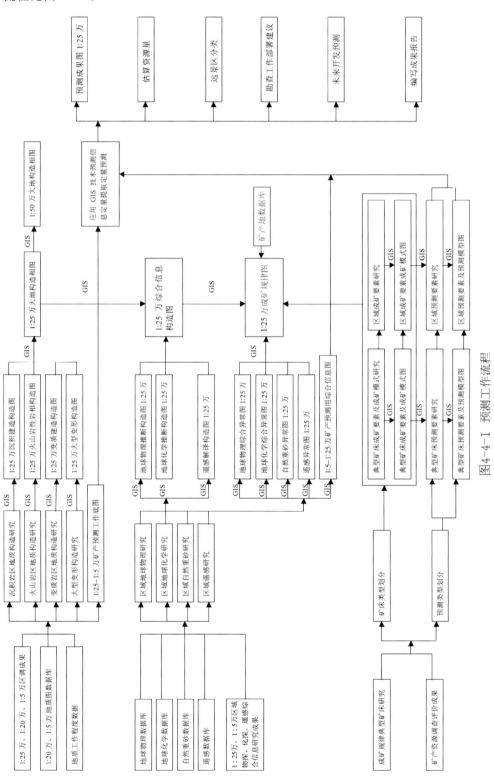

图 4-4-1 预测工作流程

第五章　成矿地质背景研究

第一节　技术流程

(1)明确任务,学习全国矿产资源潜力评价项目地质构造研究工作技术要求等有关文件。

(2)收集有关的地质、矿产资料,特别注意收集最新的有关资料,编绘实际材料图。

(3)编绘过程中,以1∶25万综合建造构造图为底图,再以预测工作区1∶5万区域地质图的地质资料加以补充,将收集到的与钨矿有关的资料编绘于图中。

(4)明确目标地质单元,划分图层,以明确的目标地质单元为研究重点,同时研究控矿构造、矿化、蚀变等内容。

(5)图面整饰,按统一要求,制作图示、图例。

(6)编图。遵照沉积、变质、岩浆岩研究工作要求进行编图。要将与相应类型金矿形成有关的地质矿产信息较全面地标绘在图中,形成预测底图。

(7)编写说明书。按照统一要求的格式编写。

(8)建立数据库。按照规范要求建库。

第二节　建造构造特征

一、预测工作区建造构造特征

预测工作区出露的五道沟群变质岩系是矿体主要围岩之一,马滴达岩组、杨金沟组、香房子岩组的变质建造与成矿关系密切,为成矿提供物质来源。中二叠世闪长岩和晚三叠世花岗闪长岩是矿体的直接围岩之一。

(一)沉积岩建造

区域内出露的地层除第四系外,均为下古生界五道沟群,分为下、中、上3个岩性段。上段可见厚度约583m,中段可见厚度约547m,上段可见厚度约456m。下段主要有变质中—细粒砂岩夹变质流纹岩;中段主要有斜长角闪片岩、斜长角闪岩、钙质云母片岩、黑云母石英片岩和薄层状不纯大理岩组成;上段主要有红柱石黑云母石英片岩、绿泥石绢云母石英片岩和二云石英片岩。

（二）火山岩建造

区内火山岩主要为晚三叠世托盘沟组和中新世老爷岭组。岩石组合为灰黄色流纹岩、灰绿色安山质含角砾凝灰熔岩、深灰色安山质、暗紫色灰绿色含斑安山岩、灰黑色安山质含角砾凝灰熔岩、灰黑色安山质角砾凝灰熔岩夹少量层凝灰岩。

（三）侵入岩建造

预测区内侵入岩较发育，其中有二叠纪闪长岩、花岗闪长岩，三叠纪闪长岩、花岗闪长岩、二长花岗岩（包含侏罗纪、白垩纪的一些脉岩）。闪长岩出露于杨金沟向斜核部，以岩体及岩枝状产出，接触界线清楚，沿接触带见烘烤及绿泥石化、阳起石化、绿帘石化、硅化等蚀变，局部见星点、团块状黄铁矿、磁黄铁矿化。花岗斑岩分布于下古生界五道沟群中，呈小岩滴状、岩枝状，面积不足 $50m^2$ ，与围岩接触处多见黑色泥化带，并见浸染状白钨矿化、毒砂等。

石英脉发育，总体走向北西—北东，倾向以北东向为主，其次为南西向，分布于五道沟群中、上段斜长角闪片岩、斜长角闪岩、云母石英片岩中。在矿区中部形成密集带，充填于同期不同方向的裂隙中，局部相互穿插。石英脉中可见白钨矿、黄铁矿、毒砂、辉钼矿及少量黑钨矿等。

（四）变质岩建造

预测工作区内的变质岩建造主要为五道沟群的变质岩建造。包括马滴达岩组的灰色变质砂岩、变质粉砂岩夹变质英安岩；杨金沟岩组的灰色角闪石英片岩、绿色角闪黑云片岩、黑云石英夹薄层状变质英安岩；香房子岩组的灰黑色红柱石二云石英片岩、含榴石黑云石英片岩、红柱石二云片岩、角闪石英片岩夹变质细砂岩。

二、全省含钨建造

吉林省与钨矿成矿有关的沉积建造主要有五道沟群的马滴达组、杨金沟组、香房子组、石炭系—二叠系的解放村组、托盘沟组、新生代的土门子组。详见成矿地质背景部分。

第三节 大地构造特征

一、预测工作区大地构造特征

预测工作区位于东北叠加造山-裂谷系（Ⅰ），小兴安岭-张广才岭叠加岩浆弧（Ⅱ），太平岭-英额岭火山盆地区（Ⅲ），罗子沟-延吉火山-盆地群（Ⅳ）。

二、全省钨矿床大地构造特征

全省岩浆后期热液型钨矿大地构造位置位于东北叠加造山-裂谷系（Ⅰ），小兴安岭-张广才岭叠加岩浆弧（Ⅱ），太平岭-英额岭火山盆地区（Ⅲ），罗子沟-延吉火山-盆地群（Ⅳ）。矽卡岩型钨矿大地构造位置于老爷岭地块张广才岭-太平岭边缘隆起带与吉黑褶皱系（亚Ⅰ级）延边优地槽褶皱带（Ⅱ级）两大构造单元的衔接部，密江-罗子沟南北向金、多金属成矿带北端。两类矿床均与海西晚期和燕山期花岗岩的侵入活动有关。

第六章　典型矿床与区域成矿规律研究

第一节　技术流程

一、典型矿床研究技术流程

(1)典型矿床的选取,选取具有一定规模、有代表性、未来资源潜力较大、在现有经济或选冶技术条件下能够开发利用,或技术改进后能够开发利用的矿床。

(2)从成矿地质条件、矿体空间分布特征、矿石物质组分及结构构造、矿石类型、成矿期次、成矿时代、成矿物质来源、控矿因素及找矿标志、矿床的形成及就位演化机制9个方面系统的对典型矿床研究。

(3)从岩石类型、成矿时代、成矿环境、构造背景、矿物组合、结构构造、蚀变特征、控矿条件8个方面总结典型矿床的成矿要素,建立典型矿床的成矿模式。

(4)在典型矿床成矿要素研究的基础上叠加地球化学、地球物理、自然重砂、遥感及找矿标志,形成典型矿床预测要素。建立预测模型。

(5)以典型矿床≥1∶1万综合地质图为底图,编制典型矿床成矿要素、预测要素图。

二、区域成矿规律研究技术流程

本次工作广泛搜集区域上与钨矿有关的矿床、矿点、矿化点的勘查、科研成果,按如下技术流程开展区域成矿规律研究。

(1)确定矿床的成因类型;
(2)研究成矿构造背景;
(3)研究控矿因素;
(4)研究成矿物质来源;
(5)研究成矿时代;
(6)研究区域所属成矿区带及成矿系列;
(7)编制成矿规律图件。

第二节 典型矿床研究

一、典型矿床选取及其特征

本次典型矿床研究主要选取的类型为岩浆中高温热液型白钨矿,代表矿床为珲春市杨金沟钨矿床(图 6-2-1)。

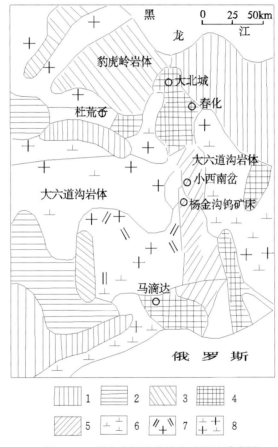

图 6-2-1 珲春市杨金沟钨矿矿区地质略图

1.第三纪砾岩、玄武岩;2.侏罗纪火山岩;3.三叠纪火山岩;4.二叠纪变质碎屑岩、变质火山岩;5.下古生界五道沟群变质碎屑岩;6.海西期闪长岩、斜长花岗岩;7.印支期二长花岗岩;8.燕山期细粒花岗岩、闪长岩

杨金沟矿区位于东北叠加造山-裂谷系(Ⅰ),小兴安岭-张广才岭叠加岩浆弧(Ⅱ),太平岭-英额岭火山盆地区(Ⅲ),罗子沟-延吉火山-盆地群(Ⅳ)。大北城-前山南北向褶断带中段。出露地层主要为下古生界五道沟群,由古火山、碎屑沉积岩经受低—中级区域变质作用,并叠加动力变质和接触热变质作用,形成的一套变质岩系。总体走向近南北向,长 30km,东西宽 214km。构造变形强烈,断裂和褶皱发育。侵入岩有基性—中性—酸性岩体、岩脉、岩株等。印支期大六道沟黑云母斜长花岗岩体(K-Ar 法同位素年龄 212Ma);燕山早期五道沟二长花岗岩-花岗岩体(K-Ar 法同位素年龄 197~178.5Ma);燕山早期小西南岔石英闪长岩体(K-Ar 法同位素年龄 157.27~120.73Ma);农坪-杨金沟浅成花岗岩等。

(1)地层:区域出露的除第四系外,均为下古生界五道沟群,分为下、中、上3个岩性段。上段可见厚度约583m,中段可见厚度约547m,上段可见厚度约456m。下段主要有变质中—细粒砂岩夹变质流纹岩;中段主要有斜长角闪片岩、斜长角闪岩、钙质云母片岩、黑云母石英片岩和薄层状不纯大理岩组成;上段主要有红柱石黑云母石英片岩、绿泥石绢云母石英片岩和二云石英片岩。

(2)构造:矿区为一单斜构造(杨金沟向斜的西翼),整体走向北西向,倾向北东,倾角40°~80°,近南北带状分布,局部层间褶曲发育。断裂构造主要有走向断裂和斜向断裂。走向断裂与区域上的主要构造线一致,属压性断裂构造,南北延长较大,长2km,倾向北东,倾角65°~80°。斜向断裂与区域上的主要构造线有一定交角,属张性断裂构造,北西延长不大,总长0.8~1.0km,倾向南西,倾角40°~70°。上述两组断裂构造均被后期的石英脉充填,构成石英脉-石英细脉带,而且脉带方向性强,延伸稳定,连续性好。

(3)侵入岩:闪长岩出露于向斜核部,以岩体及岩枝状产出,接触界线清楚,沿接触带见烘烤及绿泥石化、阳起石化、绿帘石化、硅化等蚀变,局部见星点、团块状黄铁矿、磁黄铁矿化。花岗斑岩分布于下古生界五道沟群中,呈小岩滴状、岩枝状,面积不足50m²,与围岩接触处多见黑色泥化带,并见浸染状白钨矿化、毒砂等。

石英脉发育,总体走向北西-北东向,倾向以北东向为主,其次为南西向,分布于五道沟群中、上段斜长角闪片岩、斜长角闪岩、云母石英片岩中。在矿区中部形成密集带,充填于同期不同方向的裂隙中,局部相互穿插。石英脉中可见白钨矿、黄铁矿、毒砂、辉钼矿及少量黑钨矿等。

2.矿体三度空间分布特征

矿体以脉状、复脉状含白钨矿石英脉-石英细脉带产于斜长角闪片岩、斜长角闪岩、钙质云母片岩、黑云母石英片岩中,脉与脉的间距为5~50cm,在石英脉之间或石英脉的两侧的围岩中也发生了强烈的蚀变形成蚀变岩,它们共同组成了矿体,与岩层产状一致,少数矿体与岩层产状不一致。现已发现白钨矿体87条,自西向东分为3个矿带和北部B线矿体。①号矿带:由1-14号矿体组成,走向350°~10°,倾向北东,倾角50°~70°,地表控制长850m,延深50~370m,累计矿体厚度27.38m,WO_3平均品位0.37%。②号矿带:由15-35号矿体组成,走向340°~0°,倾向北东,倾角50°~70°;地表控制长100m,延深50~420m,累计矿体厚度39.82m,WO_3平均品位0.50%。③号矿带:由36-55号矿体组成,走向350°~0°,倾向北东,倾角50°~70°;地表控制总长1500m,延深70~280m,累计矿体厚度25.86m,WO_3平均品位0.38%。北部B线矿体群:由56-76号矿体组成,走向290°~310°,倾向南西,倾角40°~70°;地表控制总长800m,延深50~300m,累计矿体厚度17.78m,WO_3平均品位0.43%。矿床规模已达到大型,具有特大型远景规模。

3.矿石物质成分

(1)物质成分:主要有用组分为WO_3,含量一般在0.22%~1.50%之间变化,最高为5.25%。

(2)矿石类型:石英脉型。

(3)矿石矿物组合:金属矿物主要以白钨矿为主,少量黑钨矿,次为毒砂、黄铁矿、磁黄铁矿、黄铜矿、硫铜锑矿、辉钼矿等金属矿物。脉石矿物有石英、黑云母、斜长石、钠长石、磷灰石、绿泥石、方解石等。

(4)矿石结构及构造:矿石结构有粗粒、细粒结晶结构,包裹乳滴状结构,交代结构,填隙结构。矿石构造有脉状、细脉浸染状构造,角砾状构造。

4.围岩蚀变

硅化:主要沿裂隙充填和交代,使岩石褪色或形成硅化石英脉。

钠长石化:交代斜长石与热液蚀变石英共生在一起,与白钨矿经常伴生。

黑云母化:呈细小鳞片状集合体产出,分布不均匀,穿插交代角闪石或斜长石,被白钨矿交代。

阳起石化：呈脉状、细脉状产出，常被白钨矿交代，出现菊花状集合体。

白云母化：沿石英脉两侧分布，呈片状集合体或放射状。

磷灰石化、榍石化、电气石化：经常伴随热液蚀变出现，与白钨矿伴生。

此外还有透辉石化、透闪石化、方柱石化、绿帘石化、绿泥石化、绢云母化、碳酸盐化。

5.成矿阶段

成矿早期阶段：五道沟群海相基性—中酸性火山岩-碎屑岩夹碳酸盐沉积建造富含 W，形成初始的含矿建造。

岩浆成矿阶段：燕山期侵入岩浆活动带来大部分成矿物质 W 的同时，在岩浆热液的作用下，地层中的成矿物质 W 活化迁移，参与成矿。

6.成矿时代

197～120Ma，为燕山期。

7.成矿物理化学条件

成矿温度：矿石矿物石英包裹体均一温度变化为 203～330℃，大部分为 205～290℃，而矿化中心部位出现 315～330℃。

成矿溶液的盐度：石英硫化物阶段成矿流体的盐度 W(NaCl)2.77%～5.11%。

成矿压力：对几个 $CO_2\sim H_2O$ 型包裹体测定结果，成矿压力为 810MPa。成矿深度为 2.5～3km。

8.地球化学特征

1）岩石微量元素地球化学

下古生界五道沟群斜长角闪片岩、斜长角闪岩、钙质云母片岩、云母石英片岩是地槽演化中期中基性火山岩夹碳酸盐及细碎屑岩钙质沉积建造，据 1989 年吉林省有色金属地质勘查局研究所测得上述岩石的钨含量平均值为 10.31×10^{-6}，是地壳平均值的 9 倍，这套岩系是含白钨矿石英脉有利层位，同时也是形成白钨矿提供钙质来源的主要岩层。

矿区所有岩浆岩的 W 含量均比较高，花岗闪长岩的 W 平均含量为 6.908×10^{-6}，云英岩化花岗岩的 W 平均含量最高，为 12.39×10^{-6}，推断是成矿母岩。而其他脉岩的 W 含量相对也高于同类岩石。

2）岩石稀土元素地球化学

图 6-2-2 表明轻稀土大于重稀土。稀土分配模式图中，曲线都是从左向右倾斜，基性岩石斜率相对平缓，闪长玢岩居中，花岗斑岩较陡，说明岩浆在深部明显有分异演化。

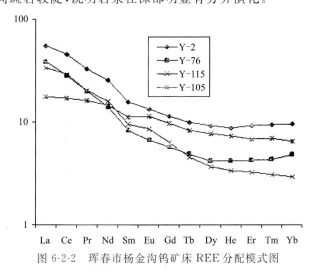

图 6-2-2 珲春市杨金沟钨矿床 REE 分配模式图

3）岩体中钨的地球化学

矿区所有岩浆岩均含钨比较高，花岗闪长岩平均 6.908×10^{-6}，混染花岗斑岩最高为 9.379×10^{-6}，其他脉岩相对也高于同类岩石。

9. 成矿物质来源

成矿物质主要来源于五道沟群含 W 较高的建造和后期侵入的含 W 较高的侵入岩浆。矿床属于层控—岩浆中高温热液型白钨矿床。

10. 控矿因素及找矿标志

1）控矿因素

五道沟群含 W 较高的建造和后期侵入的花岗岩类岩体。区域上 NE 和 NW 两组断裂构造均发育。

2）找矿标志

下古生界五道沟群中斜长角闪片岩、斜长角闪岩、钙质云母片岩、黑云母石英片岩中 W 的丰度为 10.31×10^{-6}，认为该地层是区内钨的主要矿源层之一。

区内花岗斑岩为陆源弧新型挤压钙碱性岩石系列，对金、钨矿床的形成十分有利。花岗斑岩体内部有望发现浸染状白钨矿体。

杨金沟钨主矿带内发育大量石英脉带，岩石强烈褪色，普遍见有白钨矿化。

研究区内蚀变闪长玢岩（花岗闪长斑岩）具有碳酸盐化、绢云母化，在其上、下盘均见有白钨矿化。

水系底沉积物中 W、Au 等元素的异常分布特征反映出区内已知主要矿体、矿化点的展布特征。

五道沟群与燕山期花岗斑岩接触层面，有望发现规模更大的矿体。

二、典型矿床成矿要素特征

1）典型矿床成矿要素图

充分收集矿产普查中发现的钨矿床，并探讨矿产生成的岩性、岩相、古地理与区域地质构造的成因联系。为矿产预测提供了最为直接的信息。并叠加了专业部门提供的物探、化探、遥感资料。

2）典型矿床成矿要素一览表

典型矿床成矿要素见表 6-2-1。

表 6-2-1　珲春市杨金沟钨矿床成矿要素表

成矿要素		内容描述
特征描述		岩浆中高温热液型白钨矿床
地质环境	岩石类型	主要有变质中-细粒砂岩夹变质流纹岩、斜长角闪片岩、斜长角闪岩、钙质云母片岩、黑云母石英片岩、薄层状不纯大理岩组、红柱石黑云母石英片岩、绿泥石绢云母石英片岩和二云石英片岩。花岗岩类
	成矿时代	$197\sim120\mathrm{Ma}$，为燕山期
	成矿环境	东北叠加造山-裂谷系（Ⅰ），小兴安岭-张广才岭叠加岩浆弧（Ⅱ），太平岭-英额岭火山盆地区（Ⅲ），罗子沟-珲吉火山-盆地群（Ⅳ）
	构造背景	大北城-前山南北向褶断带中段，区域上 NE 和 NW 两组断裂构造均发育

续表 6-2-1

成矿要素		内容描述
特征描述		岩浆中高温热液型白钨矿床
矿床特征	矿物组合	金属矿物主要以白钨矿为主，少量黑钨矿，次为毒砂、黄铁矿、磁黄铁矿、黄铜矿、硫铜锑矿、辉钼矿等金属矿物。脉石矿物有石英、黑云母、斜长石、钠长石、磷灰石、绿泥石、方解石等
	结构构造	矿石结构有粗粒、细粒结晶结构，包裹乳滴状结构，交代结构，填隙结构。矿石构造有脉状、细脉浸染状构造，角砾状构造
	蚀变特征	主要有硅化，主要沿裂隙充填和交代形成硅化石英脉。钠长石化交代斜长石与热液蚀变石英共生在一起，与白钨矿经常伴生。黑云母化呈细小鳞片状集合体产出穿插交代角闪石或斜长石，被白钨矿交代。阳起石化呈脉状、细脉状产出，常被白钨矿交代，出现菊花状集合体。白云母化沿石英脉两侧分布，呈片状集合体或放射状。磷灰石化、榍石化、电气石化经常伴随热液蚀变出现，与白钨矿伴生。此外还有透辉石化、透闪石化、方柱石化、绿帘石化、绿泥石化、绢云母化、碳酸盐化
	控矿条件	五道沟群含 W 较高的建造和后期侵入的花岗岩类岩体。区域上 NE 和 NW 两组断裂构造均发育

三、典型矿床成矿模式

杨金沟钨矿的成矿模式可以概述为：古生界优海相基性—中酸性火山岩-碎屑岩夹碳酸盐沉积建造成为钨矿的矿源层，燕山期含矿母岩中的挥发分 P、Cl、B 沿断裂扩散，使五道沟群斜长角闪片岩、斜长角闪岩、云母石英片岩代换出钨元素；同时中酸性岩浆经过钾、钠交代作用发生云英岩化、阳起石化、硅化等，在碱性条件下，钨可以呈 H_2WO_3、$Na_2(WO_4)^{2-}$、$(WO_4)^{2-}$ 形式搬运迁移，与斜长角闪片岩、斜长角闪岩在钠长石化过程中，代换出的 Ca^{2+} 反应析出白钨矿，即含钨石英脉沿裂隙交代沉积而形成白钨矿石英脉带（图 6-2-3）。典型矿床的成矿模式见表 6-2-2。

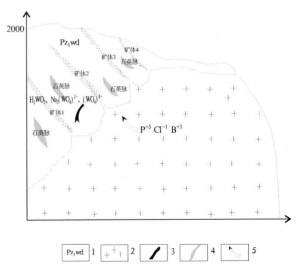

图 6-2-3　珲春市杨金沟钨矿床成矿模式图
1.五道沟变质岩系；2.花岗岩体；3.白钨矿矿体；
4.石英脉；5.成矿物质搬运迁移方向

表 6-2-2　珲春市杨金沟钨矿床成矿模式

名称	珲春市杨金沟钨矿床
成矿的地质构造环境	东北叠加造山-裂谷系（Ⅰ），小兴安岭-张广才岭叠加岩浆弧（Ⅱ），太平岭-英额岭火山盆地区（Ⅲ），罗子沟-延吉火山-盆地群（Ⅳ）。大北城-前山南北向褶断带中段

续表 6-2-2

名称		珲春市杨金沟钨矿床
控矿的各类及主要控矿因素		五道沟群含 W 较高的建造和后期侵入的花岗岩类岩体。区域上 NE 和 NW 两组断裂构造发育
矿床的三度空间分布特征	产状	走向 350°～10°,倾向北东,倾角 50°～70°
	形态	脉状、复脉状
矿床的物质组成	矿石类型	石英脉型
	矿物组合	金属矿物以白钨矿为主,少量黑钨矿,次为毒砂、黄铁矿、磁黄铁矿、黄铜矿、硫铜锑矿、辉钼矿等金属矿物。脉石矿物有石英、黑云母、斜长石、钠长石、磷灰石、绿泥石、方解石等
	结构构造	矿石结构有粗粒、细粒结晶结构,包裹乳滴状结构,交代结构,填隙结构。矿石构造有脉状、细脉浸染状构造,角砾状构造
	主元素含量	0.37%～0.50%
成矿期次		成矿早期阶段:五道沟群海相基性—中酸性火山岩-碎屑岩夹碳酸盐沉积建造富含 W,形成初始的含矿建造。 岩浆成矿阶段:燕山期侵入岩浆活动带来大部分成矿物质 W 的同时,在岩浆热液的作用下,地层中的成矿物质 W 活化迁移,参与成矿
矿床的地球物理特征及标志		在 1:25 万布格重力异常图上,矿床处于宽度较大的重力梯度带由北东走向转为南东走向的转折处,场值由东向西逐渐降低,梯度陡。东部重力高异常区与出露或隐伏的早古生代香房子岩组、杨金沟岩组等老变质岩有关。重力低异常区与印支期二长花岗岩、花岗闪长岩等酸性岩体分布有关。在 1:5 万航磁异常图上,矿床处于北东走向的宽缓平稳的低磁场区中。西部有一条北东走向的梯度带分布,是一条断裂构造的反映
矿床的地球化学特征及标志		矿区具有亲石、碱土金属元素同生地球化学场特征。主要成矿元素钨具有清晰的三级分带和明显的浓集中心,异常强度达到 $71×10^{-6}$,是找钨矿的主要标志。钨组合异常显示的元素组分复杂,空间套合紧密,形成较复杂元素组分富集的叠生地球化学场。利于钨的进一步迁移、富集、成矿。钨甲级综合异常具备良好的成矿地质条件和找矿前景,是区内铅锌找矿的重要靶区。主要找矿指示元素有 W、Au、Cu、As、Bi、Mo、Sn。其中 W、Au、Cu 是近矿指示元素,As 是远程指示元素,Sn、Mo、Bi 是评价矿体的尾部指示元素
成矿物理化学条件		成矿温度为 203～330℃。成矿压力为 810MPa。成矿深度为 2.5～3km
成矿时代		197～120Ma,为燕山期
矿床成因		岩浆中高温热液型白钨矿床

第三节 预测工作区成矿规律研究

一、预测工作区底图的确定

1)编图区范围

编图区位于吉林省珲春市东北部五道沟、杨金沟、大小六道沟、小西南岔一带,面积为 1043km²。

2)编图比例尺

在先行编制出的 1∶25 万综合建造构造图的基础上,运用 1∶5 万和 1∶20 万区域资料,结合收集的矿产资料和有关科研专题资料进行编图工作,编制出符合技术要求的这个预测区的地质建造专题底图,比例尺 1∶5 万。

3)地质构造专题底图特征

(1)区内已知的钨矿床、矿点、矿化点的成矿均与侵入岩有着密切的成生联系,遵照上级有关成矿预测区编图要求,这一预测区要编制侵入岩岩浆建造构造图,要将含矿目的层作为重点实现出来。以岩体剖面、路线实际材料图为依据。

(2)将与钨成矿有关的地质矿产信息表达于图面,以矿产资料为依据。

(3)充分应用综合信息资料。将这一区域的遥感解译、物探、化探等相关资料表达在图面上,起到矿产预测应有的作用。

二、预测工作区成矿要素特征

区域钨矿的成因类型为岩浆热液型。

燕山期岩浆热液型钨矿产出的大地构造位置属于天山-兴安褶皱区(Ⅰ级)、吉黑褶皱系(亚Ⅰ级)、延边优地槽褶皱带(Ⅱ级)东部、延边复向斜(Ⅲ级)、大北城-前山南北向断褶带中段。

区域地层比较发育,主要有下古生界五道沟群,上古生界二叠系,中生界侏罗系,新生界第三系、第四系,出露面积约占全区总面积的三分之一。

区内岩浆岩极为发育,以中—深成的酸性、中酸性岩类为主,中基性岩类次之,约占总面积的三分之二。燕山期岩浆活动频繁,岩体一般规模较小,多呈小岩株产出,分 3 个阶段:第一阶段岩性主要为闪长岩、花岗闪长岩及石英闪长岩;第二阶段出露在五道沟—四道沟一带,主要岩石为斜长花岗岩,是五道沟钨矿的围岩;第三阶段多呈小岩株产出,主要岩性有次安山岩、石英闪长玢岩、二长花岗岩、花岗岩。燕山期脉岩有石英闪长岩、闪长玢岩、石英闪长玢岩、细晶岩、花岗斑岩等。

区内的断裂构造十分发育,其中有东西向断裂、北北东向断裂、北西向断裂和南北向断裂。已知金铜钨矿床、矿点、矿化点均受上述 4 组断裂构造控制,4 组断裂的交会部位是成矿最有利的部位,已知钨矿床均处在断裂的交会部位。具体地说北北东向断裂和东西向断裂是控矿构造,北西向断裂是容矿构造。

岩浆热液型钨矿的成因可以概述为:燕山期含矿母岩中的挥发分 P、Cl、B 沿断裂扩散,与五道沟群斜长角闪片岩、斜长角闪岩、云母石英片岩置换出钨元素;同时中酸性岩浆经过钾、钠交代作用发生云英岩化、阳起石化、硅化等,在碱性条件下,钨可以呈 H_2WO_3、$Na_2(WO_4)^{2-}$、$(WO_4)^{2-}$ 形式搬运迁移,与斜长角闪片岩、斜长角闪岩在钠长石化过程中,代换出的 Ca^{2+},析出白钨矿,即含钨石英脉沿裂隙交代沉积而形成白钨矿石英脉带,形成钨矿床。

区域成矿要素一览表见表 6-3-1。

表 6-3-1　小西南岔杨金沟预测工作区成矿要素

成矿要素	内容描述	类别
特征描述	矿床的成因属岩浆热液型矿床	
岩石类型	主要是灰黄色流纹岩、灰绿色安山质碎屑岩。橄榄玄武岩、玄武岩。花岗岩类。灰色角闪石英片岩。绿色角闪黑云片岩,黑云石英夹薄层状变质英安岩。 灰黑色红柱石二云石英片岩、含榴石黑云石英片岩、红柱石二云片岩、角闪石英片岩夹变质细砂岩	必要
成矿时代	三叠纪—二叠纪	必要
成矿环境	东北叠加造山-裂谷系(Ⅰ),小兴安岭-张广才岭叠加岩浆弧(Ⅱ),太平岭-英额岭火山盆地区(Ⅲ),罗子沟-延吉火山-盆地群(Ⅳ)	必要
构造背景	大北城-前山南北向褶断带中段,区域上发育 NE 和 EW 两组断裂构造发育	重要
控矿条件	五道沟群马滴达岩组、杨金沟岩组、香房子岩组的分布区域。北北东向断裂和东西向断裂是控矿构造,北西向断裂是容矿构造	必要

三、预测工作区域成矿模式

预测工作区域成矿模式见表 6-3-2 和图 6-3-1。

表 6-3-2　小西南岔杨金沟预测工作区成矿模式

名称		杨金沟钨矿床
成矿的地质构造环境		东北叠加造山-裂谷系(Ⅰ),小兴安岭-张广才岭叠加岩浆弧(Ⅱ),太平岭-英额岭火山盆地区(Ⅲ),罗子沟-延吉火山-盆地群(Ⅳ)。大北城-前山南北向褶断带中段,区域上发育 NE 和 EW 两组断裂构造
控矿的各类及主要控矿因素		大北城-前山南北向褶断带中段。 寒武系—奥陶系五道沟群马滴达岩组、杨金沟岩组、香房子岩组的分布区域。 大北城-前山南北向褶断带中段,区域上发育 NE 和 NW 两组断裂构造
矿床的三度空间分布特征	产状	矿床总体为脉状。矿体呈较规则脉状,倾斜产出有一定规律,矿体倾向北东,走向350°~10°,倾向北东,倾角50°~70°
	形态	矿体呈脉状、复脉状产出

续表

名称	杨金沟钨矿床
成矿期次	成矿早期阶段：五道沟群变质岩系是矿体主要围岩。马滴达岩组、杨金沟组、香房子岩组的变质建造与成矿有关，可能为成矿提供物质来源。 岩浆成矿阶段：中二叠世闪长岩和晚三叠世花岗闪长岩是矿体的直接围岩，两期岩浆热液可能带来成矿的 W 的有益组分。酸性次火山隐伏岩体，花岗斑岩类岩体中含矿。闪长玢岩和石英闪长岩小岩株、岩脉和花岗斑岩脉在时空关系上与成矿关系最为密切，矿体产于其上下盘或穿插与其中
成矿时代	燕山期
矿床成因	岩浆热液型矿床
成矿机制	在寒武纪早期大北城-前山南北向褶断带中段，下古生界海相基性-中酸性火山岩-碎屑岩夹碳酸盐沉积建造；燕山期含矿母岩中的挥发分 P、Cl、B 沿断裂扩散，使五道沟群斜长角闪片岩、斜长角闪岩、云母石英片岩代换出钨元素；同时中酸性岩浆经过钾、钠交代作用发生云英岩化、阳起石化、硅化等，在碱性条件下，钨可以呈 H_2WO_3、$Na_2(WO_4)^{2-}$、$(WO_4)^{2-}$ 形式搬运迁移，与斜长角闪片岩、斜长角闪岩在钠长石化过程中，代换出的 Ca^{2+} 反应析出白钨矿，即含钨石英脉沿裂隙交代沉积而形成白钨矿石英脉带

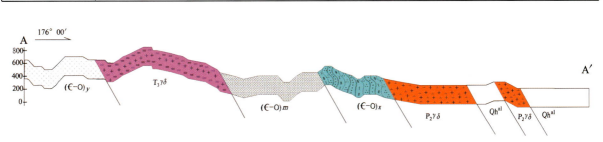

图 6-3-1 小西南岔杨金沟预测工作区成矿模式图

第七章 物化遥自然重砂应用

第一节 重 力

一、技术流程

本次工作根据预测工作区预测底图确定的范围,充分收集区域内的1:20万重力资料,以及以往的相关资料,在此基础上开展预测工作区1:5万重力相关图件编制,之后开展相关的数据解释,以满足预测工作对重力资料的需求。

二、资料应用情况

本次工作应用在2008—2009年1:100万、1:20万重力资料及综合研究成果,充分收集应用预测工作区的密度参数、磁参数、电参数等物性资料。预测工作区和典型矿床所在区域研究时,全部使用1:20万重力资料。

三、数据处理

本次预测工作区编图全部使用全国项目组下发的吉林省1:20万重力数据。重力数据已经按《区域重力调查技术规范(DZ/T 0082—2006)》进行"五统一"改算。

布格重力异常数据处理采用中国地质调查局发展中心提供的RGIS2008重磁电数据处理软件,绘制图件采用MapGIS软件,按全国矿产资源潜力评价《重力资料应用技术要求》执行。

剩余重力异常数据处理采用中国地质调查局发展中心提供的RGIS重磁电数据处理软件,求取滑动平均窗口为14km×14km剩余重力异常,绘制图件采用MapGIS软件。

等值线绘制等项与布格重力异常图相同。

四、地质推断解释

预测区位于吉黑褶皱系延边优地槽褶皱带东部,断裂和火山构造较发育的延边复向斜和春化—四道沟中间凸起内。

区内重力曲线走向主要为南北向。在区域布格重力异常图上,梯度带南北走向,密集分布,小西南岔大型金铜矿床位于梯度带上,其西部为重力低,东西向重力高。南北向梯度带反映了小西南岔-四道沟断裂带,该断裂形成于古生代末,中生代再次活动,沿断裂带海西期中基性岩呈串珠状展布,燕山期闪长岩,花岗岩侵入,并控制了春化—四道沟中间凸起。是区内重要的控矿构造。在剩余重力异常图上,形态更清晰,南北向重力高反映了古生代基底隆起,两侧的重力低反映了海西期、燕山期闪长岩,花岗闪长岩等中酸性岩体。

第二节 磁 测

一、技术流程

本次工作根据预测工作区预测底图确定的范围,充分收集区域内的1∶20万航磁资料,以及以往的相关资料,在此基础上开展预测工作区1∶5万航磁相关图件编制,之后开展相关的数据解释,以满足预测工作对航磁资料的需求。

二、资料应用情况

本次工作收集并应用了19份1∶10万、1∶5万、1∶2.5万航空磁测成果报告,及1∶50万航磁图解释说明书等成果资料。根据国土资源航空物探遥感中心提供的吉林省2km×2km航磁网格数据和1957—1994年间航空磁测1∶100万、1∶20万、1∶10万、1∶5万、1∶2.5万共计20个测区的航磁剖面数据,充分收集应用预测工作区的密度参数、磁参数、电参数等物性资料。预测工作区和典型矿床所在区域研究时,主要使用1∶5万资料,部分使用1∶10万、1∶20万航磁资料。

三、数据处理

本次预测工作区编图全部使用全国项目组下发的数据,按航磁技术规范,采用RGIS和Surfer软件网格化功能完成数据处理。采用最小曲率法,网格化间距一般为1∶2～1∶4测线距,网格间距分别为150m×150m、250m×250m。然后应用RGIS软件位场数据转换处理,编制1∶5万航磁剖面平面图、航磁ΔT异常等值线平面图、航磁ΔT化极等值线平面图、航磁ΔT化极垂向一阶导数等值线平面图,航磁ΔT化极水平一阶导数(0°、45°、90°、135°方向),航磁ΔT化极上延不同高度处理图件。

四、磁异常分析

杨金沟-大北沟是区内大体呈北东向的高磁异常带分布区。高值异常主要与闪长花岗岩有关。据物性资料,闪长岩磁性较强,κ 值平均在 2300×10^{-5} SI,Jr 平均值 1000×10^{-3} A/m。在闪长岩体上,磁场一般在 400~600nT,最大在 1200nT 以上,如 94-227,700nT,94-228,900nT,60-144,1300nT。物性参数与航磁反映结果基本一致,区内闪长岩与多金属成矿关系密切。如小西南岔斑岩型金铜矿床与闪长岩有关,是区内重要的成矿母岩。闪长岩体的集中分布,对在区内寻找多金属矿床十分有利。

在高值航磁异常范围内有一条南北向分布的低缓异常带,对应寒武纪—奥陶纪变质岩组成的春化—四道沟中间凸起。位于小西南岔至区外的马滴达一带,由一套海底火山-碎屑岩建造组成。在该地层中发现大量的金铜矿化及化探组合异常,是区内金铜矿等多金属矿产的主要矿源层。

在预测区东部分布大片负磁场区,局部为低缓正异常。分别对应二叠系解放村组碎屑及二叠纪花岗闪长岩。二叠系与中酸性岩体接触带往往形成蚀变带,并发现矽卡岩型铁铜矿化,是寻找矽卡岩型矿产的有利地带。

五、磁法推断地质构造特征

1.推断断裂

(1)F_2,沿南北向梯度带,磁梯度带延伸,南起上四道沟,向北至大北城附近,全长 38km,区内长 27km,沿断裂古生代地层呈南北向展布,并有闪长岩分布,是区内岩浆活动的重要通道。沿断裂有矿化蚀变现象。地表伴有化探异常,是区内重要的控矿构造。

(2)F_{10},位于测区中西部,沿东西向磁场梯度带,异常低值带延伸,长 19.5km。断裂两侧有闪长岩分布。是汪清-金仓东西向断裂的次级断裂。与南北向断裂交会部位,即小西南岔附近是寻找多金属矿床的有利部位。

(3)F_6 位于测区中部,沿北东向梯度带,磁场突变带延伸全长 40km,区内长 27km,断裂两侧磁场不同。南东侧为平静负磁场。沿断裂有闪长岩出露。北东向断裂控制了侵入岩的分布。区内推断断裂 11 条,其中北东向 5 条,东西向 4 条,北西向、南北向各 1 条。

2.侵入岩

1)闪长岩

在小西南岔金铜矿区进行的地面磁测及磁化率测定结果,遭受强烈混染的中细闪长 κ 变化仅在 $(20\sim50)\times10^{-5}$ SI。在航磁圈上反映低背景场。

(1)中二叠世闪长岩($P_2\delta$)。在区内主要分布在高磁异常带上,在航磁图上反映明显以强度大,梯度陡为特征,并且沿最高强度可达 800~1200nT,平均磁化率在 2300×10^{-5} SI 断裂分布。在区内分布较为密集。该闪长岩与多金属成矿关系密切。

(2)晚三叠世闪长岩($T_3\delta$)。位于测区西部磁场强度 100~200nT,低于二叠系闪长岩强度,区内圈定 1 处。

2)花岗闪长岩

(1)中二叠世花岗闪长岩($P_2\gamma\delta$)。位于测区中南部,航磁处于负异常或低缓正异常中,区内圈出 1 处。

(2)晚三叠世花岗闪长岩($T_3\gamma\delta$)。区内大面积出露遍布全区。

3.古生代变质地层

1)寒武系—奥陶系香房子岩组($\in-O)x$

杨金沟岩组($\in-O)y$,马滴达岩组($\in-O)m$,主要呈南北向展布于小西南岔—马滴达一带。航磁呈负异常或低缓正异常。圈定依据是根据磁场特征,结合1∶25万地质图及重力资料进行圈定,但各岩组之间不易区分。

2)二叠系解放村组(P_2J)

岩性为海陆交互相破碎沉积岩系,砂岩、细砂岩,泥质粉砂岩等。在测区北部有出露,航磁对应负异常及低缓正异常。结合地质资料及重力资料进行圈定。

4.航区航磁异常

1)吉 C-94-226

吉 C-94-226 位于测区西部 938 高点,异常位于波动的正磁场中,曲线呈双峰,梯度大,轴向东西,范围 0.9km×1.9km,相对强度 600nT。异常处在后期脉岩比较发育的斜长花岗岩、闪长岩中,地表矿化明显,伴有 Au、Cu、Pb、Zn 化探异常,并见有铁、铜、铅矿点。据 ΔT 异常特征,推断由闪长玢岩引起鉴于异常处,在火山机构边缘,且硫化明显,被认为是寻找斑岩型或热液型金铜等多金属矿的有利地区。

2)吉 C-94-227

吉 C-94-227 位于测区 797 高点,异常处在磁场变异带中,曲线较规则,尖锐,梯度大,轴向北东,范围 1.9km×3km,相对强度 700nT。异常处在寒武系—奥陶系变质岩与二叠系闪长岩接触带上,地表矿化明显,并伴有 Au、Cu、Pb、Zn 化探异常。异常附近有金矿点。及异常北部 1.5km 处是小西南岔金铜矿。推断异常由闪长岩引起,但区内成矿地质条件有利,应注意寻找斑岩型或接触交代型多金属矿。

3)吉 C-94-244

吉 C-94-244 位于吉 C-94-277 北 2km 处,大异常旁侧小异常。曲线规则,低缓,轴向北东,范围 0.5km×0.7km,相对强度 150nT。异常处在小西南岔金铜矿区内,断裂构造和脉岩发育的寒武纪—奥陶纪变质岩与二叠系内闪长岩接触带上,地表伴有 Au、Cu、Pb、Zn 化探异常,并见有金矿脉。推断为矿化蚀变岩引起,是寻找金铜矿的有利地区。

4)吉 C-94-245

吉 C-94-245 位于吉 C-94-244 东 1km 处,大异常之间的弱小异常,曲线规则,低缓,轴向北东,范围 $0.5\times1km^2$,处在后期脉岩发育的寒武—奥陶系变质岩内,地表伴有 Au、Cu、Pb、Zn 化探异常和金铜矿化。推断异常有矿化蚀变岩引起,是寻找金铜矿的有利地区。

5)吉 C-94-240

吉 C-94-240 位于测区东部 409 高点,春化镇北 5km 处,为磁场变异带上的孤立异常,曲线规则,低缓,范围 0.7km×0.7km,相对强度 140nT,异常位于二叠纪花岗闪长岩内,附近有铜铅矿点和 Au 化探异常,推断异常由闪长岩引起,区内成矿条件较好。

6)吉 C-94-241

吉 C-94-241 位于大六道沟西 4km 处,处在负磁场中的低缓正异常。东走向曲线规则,对称,范围 0.8km×0.6km,相对强度 45nT。经航测队项目组地面检查,认为异常由闪长岩引起。但两侧伴生的次级异常与接触蚀变带相对应,并发现 Ag、Cu、Pb、Zn 化探异常,应注意多金属矿产。

7)吉 C-94-242

吉 C-94-242 位于测区南部 221 高点,杨金沟北西西 4km 处,处于平静负磁场中的弱异常,曲线规则,范围 0.6km×0.8km,相对强度 30nT,异常处于晚期脉岩发育的寒武纪—奥陶纪变质岩中,其位置与杨金沟金属矿吻合,推断异常由与杨金沟金矿密切关系的中酸性侵入体引起。

8）吉 C-94-220

吉 C-94-220 位于测区南部 784 高点,杨金沟西 7.2km。平稳磁场中的近等轴状异常曲线规则梯度较大,走向北东,范围 $1.4×1.8km^2$,相对强度 520nT。异常位于闪长岩与寒武系—奥陶系变质岩接触带上,接触带后期脉岩发育。并见有矽卡岩带和 Au 矿脉,地表伴有 Au、Ag、Cu、As 化探异常。推断由蚀变岩或中酸性侵入体引起,但异常区上成矿地质条件有利。

9）吉 C-60-145

吉 C-60-145 位于测区中部 562 高点,小西南岔北 3.5km。异常走向北北东向,曲线较规则,梯度陡,范围 2km×3km,相对强度 800nT。异常处在花岗闪长岩、闪长岩内。地表伴有 Au、Cu 化探异常,周围是有二叠系和寒武纪—奥陶纪变质岩出露,并见有 Au、Cu、Pb 矿化。经查证,异常由闪长岩引起,但区内成矿地质条件较好,是寻找斑岩型金铜矿的有利地区。

10）吉 C-94-243

吉 C-94-243 位于测区西部,西南岔知情点北 2.2km,负磁场中的低缓异常,曲线波动部规则,梯度小。轴向北西,范围 1.6km×2.8km,相对强度 150nT。异常处在二叠系与晚三叠世花岗闪长岩接触带上,地表伴有 Au、Cu、Pb、Zn 化探异常和金铜矿点。异常区内成矿地质条件较好,推断异常由矿化蚀变带引起。

区内异常带较多,除上述异常外,尚有一些异常较好,如吉 C-94-231、吉 C-94-232、吉 C-94-233,吉 C-60-143 等。处在多金属成矿有利地带,不能忽视。

第三节 化 探

一、技术流程

由于该区域仅有 1∶20 万化探资料,所以本次工作用该数据进行数据处理,编制地区化学异常图,将图件在放大到 1∶5 万。

二、资料应用情况

本次工作应用 1∶20 万化探资料。

三、化探资料应用分析

本次工作对小西南岔-杨金沟预测区进行地球化学研究,应用 1∶20 万化探数据圈出钨异常 5 处。其中 5 号钨异常具有清晰的三级分带和明显的浓集中心,异常强度较高,达到 $71×10^{-6}$,面积为 $111km^2$。异常形状不规则,轴向延伸近南北向。由于预测工作区范围,异常向南呈开放式存在。

四、化探异常特征

1号、3号钨异常具备二级分带,其中以3号钨异常中带分级较好。统计面积分别为16km²、18km²,形态不规则,3号钨异常轴向延伸呈北东向趋势,1号钨异常同样由于预测工作区范围,异常向西呈开放式存在。

2号、4号钨异常只有外带,异常规模小,不做重点描述。

以钨为主体的组合异常有两种表现形式:W-Au、Cu、As;W-Bi、Mo、Sn。

5号钨组合异常中,与钨空间套合紧密的元素有Au、Cu、As、Bi、Mo、Sn。其中Mo、Sn构成钨的内带,Au、Cu、As、Bi构成钨的中带、外带,Au、Cu、Mo以较大异常规模存在。形成较复杂元素组分富集的叠生地球化学场,并显示高—中温的成矿地球化学环境。

3号钨组合异常显示的元素组分有Au、Cu、As、Bi、Mo、Sn,其中Mo、Sn构成钨的中带,Au、Cu、As、Bi以较大的异常规模伴生在钨的外带,而Au、Cu、Bi异常为4号钨组合异常的空间延续,显示出较复杂元素组分富集的特征。

1号钨组合异常显示元素组分相对简单,只有Cu、Bi、Mo。其中Cu异常规模大,是3号和5号钨组合异常中Cu的延续,形成简单元素组分富集的叠生地球化学场。

钨综合异常圈出2处,1处甲级(1号),1处丙级(2号)。

1号甲级综合异常落位在珲春小西南岔,由2号、4号钨组合异常构成,面积约136km²,似椭圆状,南北向展布。地质背景主要为寒武系—奥陶系的片岩、变质砂岩夹大理岩、安山岩,构成变质岩建造;分布大面积的海西期闪长岩、花岗闪长岩,部分印支期的花岗闪长岩和燕山晚期的闪长斑岩;发育南北向、北西向、北东向的断裂构造,显示出优良的成矿条件和找矿前景。空间上与分布的杨金沟钨矿积极响应,是矿致异常。该综合异常可为扩大杨金沟钨矿找矿规模提供重要的依据。

2号丙级综合异常落位在大西南岔林场,由1号、5号钨组合异常构成,面积33km²,长条状,南北向展布。地质背景主要为二叠系砂岩及燕山晚期的闪长斑岩,显示北西向和东西向的断裂构造,具有一定的找矿前景,是寻找杨金沟式钨矿的有望靶区。

五、钨矿地球化学矿找矿模式

工作区钨矿地球化学找矿模式如下。

(1)工作区具有亲石、碱土金属元素同生地球化学场特征。

(2)主要成矿元素钨具有清晰的三级分带和明显的浓集中心,异常强度达到71×10^{-6},是找钨矿的主要标志。

(3)钨组合异常显示的元素组分复杂,空间套合紧密,形成较复杂元素组分富集的叠生地球化学场。利于钨的进一步迁移、富集、成矿。

(4)钨甲级综合异常具备良好的成矿地质条件和找矿前景,是区内铅锌找矿的重要靶区。

(5)主要找矿指示元素有W、Au、Cu、As、Bi、Mo、Sn。其中W、Au、Cu是近矿指示元素,As是远程指示元素,Sn、Mo、Bi是评价矿体的尾部指示元素。

(6)主要成矿经历高—中温过程。

第四节 遥 感

一、技术流程

利用 MapGIS 将该幅 *.Geotiff 图像转换为 *.msi 格式图像,再通过投影变换,将其转换为 1∶5 万比例尺的 *.msi 图像。

利用 1∶5 万比例尺的 *.msi 图像作为基础图层,添加该区的地理信息及辅助信息,生成小西南岔-杨金沟地区侵入岩浆型 1∶5 万遥感影像图。

利用 Erdas imagine 遥感图像处理软件将处理后的吉林省东部 ETM 遥感影像镶嵌图输出为 *.Geotiff 格式图像,再通过 MapGIS 软件将其转换为 *.MSI 格式图像。

在 MapGIS 支持下,调入吉林省东部 *.MSI 格式图像,在 1∶25 万精度的遥感矿产地质特征解译基础上,对吉林省各矿产预测类型分布区进行空间精度为 1∶5 万的矿产地质特征与近矿找矿标志解译。

利用 B1、B4、B5、B7 四个波段对应的准归一化校正数据或无损失拉伸数据进行主成分分析,第四主成分存储于 14 通道中,对其分 3 级进行异常切割,一般情况一级异常 $K\sigma$ 取 3.0,二级异常 $K\sigma$ 取 2.5,三级异常 $K\sigma$ 取 2.0,个别情况 $K\sigma$ 值略有变动,经过分级处理的 3 个级别的铁染异常分别存储于 16、17、18 通道中。

利用 B1、B3、B4、B5 四个波段对应的准归一化校正数据或无损失拉伸数据进行主成分分析,第四主成分存储于 15 通道中,对其分三级进行异常切割,一般情况一级异常 $K\sigma$ 取 2.5,二级异常 $K\sigma$ 取 2.0,三级异常 $K\sigma$ 取 1.5,个别情况 $K\sigma$ 值略有变动,经过分级处理的 3 个级别的铁染异常分别存储于 19、20、21 通道中。

二、资料应用情况

遥感资料:利用全国项目组提供的 2001 年 9 月 25 日接收的 114/31 景 ETM 数据经计算机录入、融合、校正形成的遥感图像。利用全国项目组提供的《吉林省 1∶25 万地理底图》提取制图所需的地理部分。参考吉林省区域地质调查所编制的《吉林省 1∶25 万地质图》和《吉林省区域地质志》。

三、遥感地质特征

吉林省小西南岔-杨金沟地区岩浆热液型钨矿预测工作区遥感矿产地质特征与近矿找矿标志解译图,共解译线要素 45 条(其中遥感断层要素 42 条,遥感脆韧性变形构造带要素 3 条)、环要素 9 个、色要素 3 块。

1.线要素解译

预测区内线要素分为遥感断层要素和遥感脆韧性变形构造带要素两种。

在遥感断层要素解译中按断裂的规模、切割深度、断裂对地质体的控制程度,结合已知的地质资料,依次划分为中型和小型两类。

2.中型断裂

本预测区内共解译出2条中型断裂(带),分别为鸡冠-复兴断裂带、珲春-杜荒子断裂带。

鸡冠-复兴断裂带:呈北西向,该断裂切割晚二叠纪—白垩纪地层及岩体,复兴东南,珲春组砂砾岩沿该断裂带方向展布。该断裂带与其他方向断裂交会部分,为金-多金属矿产形成的有利部位。

珲春-杜荒子断裂带:为一条北东向较大型波状断裂带,切割晚侏罗世石英闪长岩、早三叠世花岗闪长岩,带内有晚三叠系中本酸性火山岩分布,控制珲春盆地东侧边缘。该断裂带与其他方向断裂交会部分,为金-多金属矿产形成的有利部位。

3.脆韧性变形构造带

本预测区内解译出3条脆韧变形趋势带,为区域性规模脆韧性变形构造,为晚石炭世花岗闪长岩、晚二叠世花岗闪长岩、三叠世花岗岩、晚侏罗世花岗岩沿该带呈较宽带状分布,沿该带有青龙村群黑云斜长片麻岩、角闪斜长片麻岩捕虏体分布,为该断裂带同其形成的韧性变形构造带。它们是总体走向为东西向的S型变形带,该带与金、铁、铜、铅、锌矿产均有密切的关系。

4.环要素解译

本预测区内的环形构造比较发育,共圈出13个环形构造。它们在空间分布上有明显的规律,主要分布在不同方向断裂交会部位。按其成因类型分为3类,其中与隐伏岩体有关的环形构造5个(形成于晚侏罗世)、中生代花岗岩类引起的环形构造7个、古生代花岗岩类引起的环形构造1个。区内的金矿点多分布于环形构造内部或边部。

四、遥感异常提取

小西南岔-杨金沟地区岩浆热液型钨矿预测工作区未提取出遥感铁染异常。预测区东北部,浅色色调异常区有羟基异常零星分布。

小西南岔—杨金沟地区岩浆热液型钨矿预测工作区共提取遥感铁染异常不发育,仅在浅色色调异常区有铁染异常零星分布。

第五节 自然重砂

一、技术流程

按照自然重砂基本工作流程,在矿物选取和重砂数据准备完善的前提下,根据《自然重砂资料应用技术要求》,应用吉林省1:20万重砂数据制作吉林省自然重砂工作程度图,自然重砂采样点位图,以选定的20种自然重砂矿物为对象,相应制作重砂矿物分级、有无图、等量线图、八卦图,并在这些基础图件的基础上,结合汇水盆地圈定自然重砂异常图,自然重砂组合异常图,并进行异常信息的处理。

预测工作区重砂异常图的制作仍然以吉林省1：20万重砂数据为基础数据源，以预测工作区为单位制作图框，截取1：20万重砂数据制作单矿物含量分级图，在单矿物含量分级图的基础上，依据单矿物的异常下限绘制预测工作区重砂异常图。

预测工作区矿物组合异常图是在预测工作区单矿物异常图的基础上，以预测工作区内存在的典型矿床或矿点所涉及的重砂矿物选择矿物组合，将工作区单矿物异常空间套合较好的部分，以人工方法进行圈定，制作预测工作区矿物组合异常图。

二、资料应用情况

预测工作区自然重砂基础数据主要源于全国1：20万的自然重砂数据库。本次工作对吉林省1：20万自然重砂数据库的重砂矿物数据进行了核实、检查、修正、补充和完善，重点针对参与重砂异常计算的字段值：包括重砂总质量、缩分后质量、磁性部分质量、电磁性部分质量、重部分质量、轻部分质量、矿物鉴定结果进行核实检查，并根据实际资料进行修整和补充完善。数据评定结果质量优良，数据可靠。

三、自然重砂异常及特征分析

小西南岔-杨金沟预测工作区内涉及的重砂矿物有白钨矿、锡石、金、黄铁矿、方铅矿和少量黄铜矿，展示钨矿的1：20万比例尺的综合异常即为预测工作区内的铜-金综合异常，由白钨矿、金、黄铁矿、方铅矿构成的1：5万比例尺的组合异常圈出1处，落位与综合异常基本吻合，具有同等的预测价值。杨金沟钨矿主要产于接触交代矿床中抑或是气化-高温热液脉中及其蚀变围岩中，与锡石、(黑钨矿)共生，伴生矿物有萤石、辉钼矿等。查看重砂矿物含量分级图，在小西南岔-杨金沟预测工作区内只有白钨矿、金异常存在多处，且分级较好，部分黄铁矿、方铅矿异常。而区内萤石、辉钼矿、锡石并没有异常显示，只在预测工作区的西南端有锡石异常，而且矿物含量分级最高达5级。查阅地质报告，在小西南岔矿区的北山地段发现钼矿点，人工重砂显示辉钼矿以细粒及鳞片状赋存于岩石的节理和微裂隙中。水系沉积物异常显示，Au、W、Mo元素异常规模均较大，都具有清晰的浓度分带性，且套合程度高。Sn异常以很小部分显示在预测工作区的西南角。以上信息对杨金沟钨矿的评价及外围扩大找矿远景有重要意义。

第八章 矿产预测

第一节 矿产预测方法类型及预测模型区选择

根据吉林省钨矿成因类型及钨矿资源主要特征,确定预测方法类型为侵入岩浆型。

编图重点应突出与钨矿形成有关的五道沟群变质岩系和古生代闪长岩系出露区。突出矿化标志。

模型区选择杨金沟钨矿所在的最小预测区。

第二节 矿产预测模型与预测要素图编制

一、典型矿床预测模型

典型矿床预测模型见表8-2-1。

表8-2-1 珲春市杨金沟钨矿床预测模型

预测要素		内容描述	预测要素类别
地质条件	岩石类型	主要有变质中-细粒砂岩夹变质流纹岩、斜长角闪片岩、斜长角闪岩、钙质云母片岩、黑云母石英片岩、薄层状不纯大理岩组、红柱石黑云母石英片岩、绿泥石绢云母石英片岩和二云石英片岩。花岗岩类	必要
	成矿时代	197～120Ma,为燕山期	必要
	成矿环境	东北叠加造山-裂谷系(Ⅰ),小兴安岭-张广才岭叠加岩浆弧(Ⅱ),太平岭-英额岭火山盆地区(Ⅲ),罗子沟-延吉火山-盆地群(Ⅳ)	必要
	构造背景	大北城-前山南北向褶断带中段,区域上NE和NW两组断裂构造均发育	重要

续表 8-2-1

预测要素		内容描述	预测要素类别
矿床特征	控矿条件	五道沟群含 W 较高的建造和后期侵入的花岗岩类岩体。区域上 NE 和 NW 两组断裂构造均发育	必要
	蚀变特征	主要有硅化,主要沿裂隙充填和交代形成硅化石英脉。钠长石化交代斜长石与热液蚀变石英共生在一起,与白钨矿经常伴生。黑云母化呈细小鳞片状集合体产出穿插交代角闪石或斜长石,被白钨矿交代。阳起石化呈脉状、细脉状产出,常被白钨矿交代,出现菊花状集合体。白云母化沿石英脉两侧分布,呈片状集合体或放射状。磷灰石化、榍石化、电气石化经常伴随热液蚀变出现,与白钨矿伴生。此外还有透辉石化、透闪石化、方柱石化、绿帘石化、绿泥石化、绢云母化、碳酸盐化	重要
	矿化特征	矿体以脉状、复脉状含白钨矿石英脉-石英细脉带产于斜长角闪片岩、斜长角闪岩、钙质云母片岩、黑云母石英片岩中,脉与脉的间距为 5～50cm,在石英脉之间或石英脉的两侧的围岩中也发生了强烈的蚀变形成蚀变岩,它们共同组成了矿体,与岩层产状一致,少数矿体与岩层产状不一致	重要
综合信息	地球化学	矿区具有亲石、碱土金属元素同生地球化学场特征。主要成矿元素钨具有清晰的三级分带和明显的浓集中心,异常强度达到 $71×10^{-6}$,是找钨矿的主要标志。钨组合异常显示的元素组分复杂,空间套合紧密,形成较复杂元素组分富集的叠生地球化学场。利于钨的进一步迁移、富集、成矿。钨甲级综合异常具备良好的成矿地质条件和找矿前景,是区内铅锌找矿的重要靶区。主要找矿指示元素有 W、Au、Cu、As、Bi、Mo、Sn。其中 W、Au、Cu 是近矿指示元素,As 是远程指示元素,Sn、Mo、Bi 是评价矿体的尾部指示元素	重要
	地球物理	在 1:25 万布格重力异常图上,矿床处于宽度较大的重力梯度带由北东走向转为南东走向的转折处,场值由东向西逐渐降低,梯度陡。东部重力高异常区与出露或隐伏的早古生代香房子岩组、杨金沟岩组等老变质岩有关。重力低异常区与印支期二长花岗岩、花岗闪长岩等酸性岩体分布有关。在 1:5 万航磁异常图上,矿床处于北东走向的宽缓平稳的低磁场区中。西部有一条北东走向的梯度带分布,是一条断裂构造的反映	重要
	重砂	杨金沟钨矿主要产于接触交代矿床中或是气化-高温热液脉中及其蚀变围岩中,与锡石、(黑钨矿)共生,伴生矿物有萤石、辉钼矿等。在小西南岔-杨金沟预测工作区内只有白钨矿、金异常存在多处,且分级较好,部分黄铁矿、方铅矿异常。而区内萤石、辉钼矿、锡石并没有异常显示,只在预测工作区的西南端有锡石异常,而且矿物含量分级最高达 5 级。查阅地质报告,在小西南岔矿区的北山地段发现钼矿点,人工重砂显示辉钼矿以细粒及鳞片状赋存于岩石的节理和微裂隙中。水系沉积物异常显示,Au、W、Mo 元素异常规模均较大,都具有清晰的浓度分带性,且套合程度高。Sn 异常以很小部分显示在预测工作区的西南角	重要
	遥感	位于北东向珲春-杜荒子断裂带和北西向鸡冠-复兴断裂带交会处,S 型脆韧性变形构造带北侧,古生代花岗岩类引起的环形构造和与隐伏岩体有关的环形构造密集分布,遥感浅色色调异常区,矿区周围遥感铁染异常零星分布	次要
找矿标志		下古生界五道沟群斜长角闪片岩、斜长角闪岩、钙质云母片岩、黑云母石英片岩出露区,石英脉集中分布区,燕山期花岗岩类出露区及其与五道沟群接触部位。北东向与北西向构造发育部位。水系底沉积物中 W、Au 等元素的异常分布特征反映出区内已知主要矿体、矿化点的展布特征	重要

二、模型区深部及外围资源潜力预测分析

(一)典型矿床已查明资源储量及其估算参数

吉林省小西南岔-杨金沟地区侵入岩浆型钨矿预测工作区内的典型矿床为杨金沟钨矿。

(1)查明资源储量:杨金沟典型矿床所在区,以往工程控制实际查明的并且已经在储量登记表中上表的全部资源储量为106 000t。

(2)面积:杨金沟典型矿床所在区域经1:1万地质填图确定的勘探评价区,并经山地工程验证的矿体、矿带聚集区段边界范围为4 870 172m²。

(3)延深:杨金沟矿床勘探控制矿体的最大沿深为420m。

(4)品位:杨金沟矿区矿石平均品位0.43%。

(5)体积含矿率:体积含矿率=查明资源储量/(面积×延深),计算得出杨金沟钨矿床体积含矿率为0.000 051 821t/m³(表8-2-2)。

表8-2-2　侵入岩浆型杨金沟预测工作区典型矿床查明资源储量表

勘查预测靶区编号	名称	面积(m²)	延深(m)	品位	体积含矿率(t/m³)
A2208201801001	杨金沟钨矿	4 870 172	420	0.43%	0.000 051 821

(二)典型矿床深部及外围预测资源量及其估算参数

杨金沟钨矿床深部资源量预测:矿体最大垂向延深420m,根据该含矿层位在区域上的产状、走向、延伸等均比较稳定,推断该套含矿层位在1500m深度仍然存在,所以本次对该矿床的深部预测垂深选择1500m。矿床深部预测实际深度为1080m。面积仍然采用原矿床含矿的最大面积。预测其深部资源量。应用预测资源量=预测矿体面积×预测资源量部分延深×体积含矿率,见表8-2-3。

表8-2-3　侵入岩浆型杨金沟预测工作区典型矿床深部预测资源量表

勘查预测靶区编号	名称	面积(m²)	延深(m)	体积含矿率
A2208201801001	杨金沟钨矿	4 870 172	1080	0.000 051 821

(三)模型区预测资源量及估算参数确定

模型区:杨金沟钨矿典型矿床所在的最小预测区。

模型区预测资源量:杨金沟典型矿床探明和典型矿床深部预测资源量的总资源量,即查明资源量+深部预测资源量。

面积:杨金沟典型矿床含矿建造,五道沟群变质岩系和古生代闪长岩系出露区,北北东、北西向断裂构造通过区,叠加钨地球化学异常,加以人工修正后的最小预测区面积。

延深:模型区内典型矿床的总延深,即最大预测深度。区域上该套含矿层位的最大勘探深度在

420m左右,该套含矿层位延深仍然比较稳定,所以模型区的预测深度选择1500m,沿用杨金沟典型矿床的最大预测深度。

含矿地质体面积参数:含矿地质体面积与模型区面积的比值(表8-2-4)。

表8-2-4 模型区预测资源量及其估算参数

模型区编号	名称	模型区面积(m^2)	延深(m)	含矿地质体面积(m^2)	含矿地质体面积参数
A2208201001	YJG1	42 184 898	1500	4 870 172	0.115 448

三、预测工作区预测模型

该预测工作区预测模型见表8-2-5。

表8-2-5 侵入岩浆型小西南岔-杨金沟预测工作区预测模型

成矿要素	内容描述		类别
特征描述	岩浆中高温热液型白钨矿床		
岩石类型	主要有变质中—细粒砂岩夹变质流纹岩、斜长角闪片岩、斜长角闪岩、钙质云母片岩、黑云母石英片岩、薄层状不纯大理岩组、红柱石黑云母石英片岩、绿泥石绢云母石英片岩和二云石英片岩。花岗岩类		必要
成矿时代	197～120Ma,为燕山期		必要
成矿环境	东北叠加造山-裂谷系(Ⅰ),小兴安岭-张广才岭叠加岩浆弧(Ⅱ),太平岭-英额岭火山盆地区(Ⅲ),罗子沟-延吉火山-盆地群(Ⅳ)		必要
构造背景	大北城-前山南北向褶断带中段,区域上NE和NW两组断裂构造均发育		重要
控矿条件	五道沟群含W较高的建造和后期侵入的花岗岩类岩体。区域上NE和NW两组断裂构造均发育		必要
综合信息	地球化学	矿区具有亲石、碱土金属元素同生地球化学场特征。主要成矿元素钨具有清晰的三级分带和明显的浓集中心,异常强度达到$71×10^{-6}$,是找钨矿的主要标志。钨组合异常显示的元素组分复杂,空间套合紧密,形成较复杂元素组分富集的叠生地球化学场。利于钨的进一步迁移、富集、成矿。钨甲级综合异常具备良好的成矿地质条件和找矿前景,是区内铅锌找矿的重要靶区。主要找矿指示元素有W、Au、Cu、As、Bi、Mo、Sn。其中W、Au、Cu是近矿指示元素,As是远程指示元素,Sn、Mo、Bi是评价矿体的尾部指示元素	重要
	地球物理	在1:25万布格重力异常图上,矿床处于宽度较大的重力梯度带由北东走向转为南东走向的转折处,场值由东向西逐渐降低,梯度陡。东部重力高异常区与出露或隐伏的早古生代香房子岩组、杨金沟岩组等老变质岩有关。重力低异常区与印支期二长花岗岩、花岗闪长岩等酸性岩体分布有关。在1:5万航磁异常图上,矿床处于北东走向的宽缓平稳的低磁场区中。西部有一条北东走向的梯度带分布,是一条断裂构造的反映	重要

续表 8-2-5

成矿要素		内容描述	类别
特征描述		岩浆中高温热液型白钨矿床	
综合信息	重砂	杨金沟钨矿主要产于接触交代矿床中亦或是气化-高温热液脉中及其蚀变围岩中,与锡石、(黑钨矿)共生,伴生矿物有萤石、辉钼矿等。在小西南岔-杨金沟预测工作区内只有白钨矿、金异常存在多处,且分级较好,部分黄铁矿、方铅矿异常。而区内萤石、辉钼矿、锡石并没有异常显示,只在预测工作区的西南端有锡石异常,而且矿物含量分级最高达5级。查阅地质报告,在小西南岔矿区的北山地段发现钼矿点,人工重砂显示辉钼矿以细粒及鳞片状赋存于岩石的节理和微裂隙中。水系沉积物异常显示,Au、W、Mo元素异常规模均较大,都具有清晰的浓度分带性,且套合程度高。Sn异常以很小部分显示在预测工作区的西南角	重要
	遥感	位于北东向珲春-杜荒子断裂带和北西向鸡冠-复兴断裂带交会处,S型脆韧性变形构造带北侧,古生代花岗岩类引起的环形构造和与隐伏岩体有关的环形构造密集分布,遥感浅色色调异常区,矿区周围遥感铁染异常零星分布	次要
找矿标志		下古生界五道沟群斜长角闪片岩、斜长角闪岩、钙质云母片岩、黑云母石英片岩出露区,石英脉集中分布区,燕山期花岗岩类出露区及其与五道沟群接触部位。北东向与北西向构造发育部位。水系底沉积物中W、Au等元素的异常分布特征反映出区内已知主要矿体、矿化点的展布特征	重要

找矿模式见图 8-2-1。

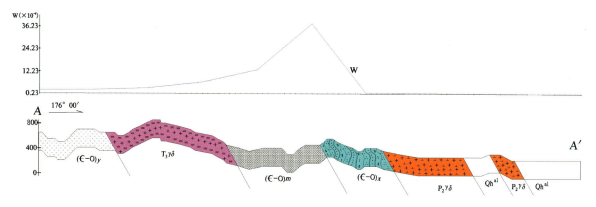

图 8-2-1　小西南岔-杨金沟预测工作区预测模型图

四、预测要素图编制

预测底图编制方法:在1:5万成矿要素图的基础上,细化找矿标志,形成预测要素图。

第三节　预测区圈定

一、预测区圈定方法及原则

预测区的圈定采用综合信息地质法，圈定原则为：与预测工作区内的模型区类比，具有相同的含矿建造，圈定为初步预测区。最后专家对初步确定的最小预测区进行确认。

二、圈定预测区操作细则

在突出表达含矿建造、矿化蚀变标志的1:5万成矿要素图基础上，以含矿建造为主要预测要素和定位变量，最后由地质专家确认修改，形成最小预测区。

第四节　预测区优选

一、预测要素应用及变量确定

模型区提供的预测变量只有矿产地和含矿建造2个变量，其他单元用到的预测变量也只有两个为矿产地和含矿建造或者是钨元素化学异常及含矿建造。其他统计单元与模型单元的变量数一样，但有的内容不同，如果只是简单地特征分析法和神经网络法，采用公式进行计算求得成矿有力度，根据有力度对单元进行优选，势必脱离实际。因为统计单元成矿概率是同样的，都是1，无法真实反映成矿有力度。

本次预测区的优选充分考虑典型矿床预测要素少的实际情况及成矿规律，采取优选方法和标准如下。

A类预测区：同时含有矿床及含矿建造的预测单元；

B类预测区：同时含有矿(化)点及含矿建造的预测单元。

二、预测区评述

小西南岔-杨金沟预测工作区：含矿建造地层分布较广泛，矿产地较多，并且钨元素异常规模及数量较好。本次共圈定最小预测区A类1个，B类1个，预测区级别较高，最小预测区面积较大，可以预见本预测区资源潜力好。

第五节 资源量定量估算

一、地质体积参数法资源量估算模型区含矿系数确定

侵入岩浆型杨金沟预测工作区模型区 YYJGA1 的含矿地质体含矿系数确定公式为：含矿地质体含矿系数＝模型区 YYJGA1 资源总量/含矿地质体总体积，含矿地质体的总体积为表 8-5-1 确定的含矿地质体面积×预测总深度。计算得出 YYJGA1 模型区的含矿地质体含矿系数为 0.000 005 982 7（表 8-5-1）。

表 8-5-1 侵入岩浆型杨金沟预测工作区模型区含矿地质体含矿系数表

模型区编号	模型区名称	含矿系数	总体积（m³）
A2208201801	YYJGA1	0.000 005 982 7	63 277 347 000

二、最小预测区预测资源量及估算参数

1.估算方法

应用含矿地质体预测资源量公式：

$$Z_{体} = S_{体} \times H_{预} \times K \times \alpha$$

式中，$Z_{体}$——模型区中含矿地质体预测资源量；

$S_{体}$——含矿地质体面积；

$H_{体}$——含矿地质体延深（指矿化范围的最大延深）；

K——模型区含矿地质体含矿系数；

α——相似系数。

2.估算结果

小西南岔-杨金沟预测工作区内最小预测区 YYJGB2 为 46 540t，精度为 334-2（表 8-5-2）。

表 8-5-2 小西南岔-杨金沟预测工作区最小预测区预测资源量估算表

最小预测区编号	最小预测区名称	$S_{预}$（m²）	$H_{预}$（m）	K	$Z_{预}$
B2208201002	YYJGB2	8 644 421.465	1500	0.000 005 982 7	4.654 0

三、最小预测区资源量可信度估计

1.面积可信度

小西南岔-杨金沟预测工作区内的最小预测区 YYJG2 与模型区处于相同的构造环境下、含矿建造

相同、并为地球化学异常浓集中心,具有较高的可信度,可确定为0.8。

2.延深可信度

岩浆液热型钨矿杨金沟预测工作区最小预测区延深参数的确定主要参考区域上五道沟群含矿建造的稳定性、典型矿床最大勘探深度等推测含矿建造可能的延深而确定。五道沟群含矿建造在预测工作区内沿走向和倾向延伸比较的稳定,杨金沟钨矿最大勘探深度为420m,钨矿含矿层位仍然稳定存在,由此确定岩浆液热型钨矿杨金沟预测工作区最小预测区延深参数为1500m,可信度为0.75。

3.含矿系数可信度

与模型区处于相同的构造环境下、含矿建造相同、有地球化学异常存在,含矿系数可信度为0.75（表8-5-3）。

表8-5-3 小西南岔-杨金沟最小预测区预测资源量可信度统计表

最小预测区编号	最小预测区名称	面积		延深		含矿系数		资源量综合	
		可信度	依据	可信度	依据	可信度	依据	可信度	依据
B2208201002	YYJGB2	0.8	含矿建造相同、并为地球化学异常浓集中心	0.75	含矿建造沿走向和倾向延伸比较的稳定	0.75	与模型区构造环境相同、有地球化学异常存在	0.4	面积、延深、含矿系数可信度乘积

第六节 预测区地质评价

一、预测区级别划分

最小预测区存在含矿建造,与已知模型区比较,含矿建造相同,且存在矿化体,并且是在含矿建造出露区上圈定最小区域,最小预测区确定为B级。

二、评价结果综述

从钨矿预测区优选出最小预测区,其中B类预测区1处。

第九章 单矿种(组)成矿规律总结

第一节 成矿区(带)划分

吉林省钨矿成矿区(带)划分见表 9-1-1。

表 9-1-1 吉林省钨矿成矿区(带)划分

Ⅰ	Ⅱ	Ⅲ	Ⅳ	Ⅴ
Ⅰ-4 滨太平洋成矿域	Ⅱ-13 吉黑成矿省	Ⅲ-55-② 延边 AuCuPbZnFeNiW 成矿亚带	Ⅳ11 春化-小西南岔 AuW-CuFePbZnPEG 成矿带	V35 小西南岔 Au-CuW 找矿远景区

第二节 矿床成矿系列(亚系列)

吉林省钨矿成矿系列见表 9-2-1。

表 9-2-1 吉林省与钨矿成矿有关的矿床成矿系列

矿床成矿系列类型	矿床成矿系列	矿床成矿亚系列	矿床式	典型矿床(点)	成矿时代(Ma)
Ⅲ兴凯南缘延边古生代、中生代、新生代 AuCuNi-WPbZnMoAgSbFePtPd 矿床成矿系列类型	Ⅲ-2 延边地区与燕山期岩浆作用有关的 AuPbZnMoWCuSb 矿床成矿系列	Ⅲ-2-③ 延边地区与燕山期岩浆侵入活动有关的 MoW 矿床成矿亚系列	杨金沟	杨金沟钨矿	197～178.5(围岩,时俊峰 2003)

第三节 区域成矿规律与图件编制

区域成矿规律

(一)成因类型

吉林省钨矿成因类型主要为侵入岩浆型,代表矿床为杨金沟钨矿。

(二)成矿构造背景

东北叠加造山-裂谷系(Ⅰ),小兴安岭-张广才岭叠加岩浆弧(Ⅱ),太平岭-英额岭火山盆地区(Ⅲ),罗子沟-延吉火山-盆地群(Ⅳ)。

(三)控矿因素

地层控矿

预测区域内下古生界五道沟群斜长角闪片岩、斜长角闪岩、钙质云母片岩、云母石英片岩是一组中基性火山岩夹碳酸盐及细碎屑岩钙质沉积建造,据1989年吉林有色地勘局研究所测得上述岩石的钨含量平均值 10.31×10^{-6},是地壳平均值的9倍,这套岩系是含白钨矿石英脉的有利层位,同时也是形成白钨矿提供钙质来源的主要岩层。

构造控矿

区内的断裂构造十分发育,其中有东西向断裂、北北东向断裂、北西向断裂和南北向断裂。已知钨矿床、矿点、矿化点均受上述4组断裂构造控制,4组断裂的交会部位是成矿最有利的部位,已知钨矿床均处在断裂的交会部位。说北北东向断裂和东西向断裂是控矿构造,北西向断裂构成容矿构造。

(四)成矿物质来源

下古生界裂谷型海相基性—中酸性火山岩—碎屑岩夹碳酸盐沉积建造(富含以钨为主的岩层);燕山期含矿母岩中的挥发分P、Cl、B沿断裂扩散,使五道沟群斜长角闪片岩、斜长角闪岩、云母石英片岩代换出钨元素;同时中酸性岩浆经过钾、钠交代作用发生云英岩化、阳起石化、硅化等,在碱性条件下,钨可以呈 H_2WO_3、$Na_2(WO_4)^{2-}$、$(WO_4)^{2-}$ 形式搬运迁移,与斜长角闪片岩、斜长角闪岩在钠长石化过程中,代换出的 Ca^{2+} 反应析出白钨矿,即含钨石英脉沿裂隙交代沉积而形成白钨矿石英脉带。

(五)成矿时代

成矿时代为 $197\sim120Ma$,为燕山期。

第十章 结 论

一、主要成果

(1)本次工作采用地质体积法进行吉林省钨矿资源量预测,根据全国矿产资源潜力评价项目办公室《预测资源量估算技术要求》以及《预测资源量估算技术要求》(2010年补充)通知要求开展。对全省1个钨矿成矿区钨矿资源进行预测。编制了《吉林省钨矿预测资源量估算报告》。为今后吉林省钨矿找矿工作积累了宝贵的基础资料,为圈定找矿靶区、扩大钨矿找矿远景指明了方向。

(2)本次工作系统地收集了省域内的大比例尺资料,完成了典型矿床研究,为深入开展基础地质构造研究和矿产资源潜力评价建立了雄厚的基础。

(3)在成矿规律研究方面,本次工作从成矿控制因素和控矿条件分析入手,划分了吉林省钨矿矿床成因类型,遴选典型矿床,建立了综合找矿模型,为资源潜力评价建立各预测类型的预测准则,奠定了基础。

(4)本次工作较详细地研究了省内含矿地层成矿岩体,控矿构造与物探、化探、遥感、自然重砂的关系,建立了各成矿要素的预测模型,为划分成矿远景区(带)提供了依据。

(5)本次工作以含矿建造和矿床成因系列理论为指导,以综合信息为依据,划分了省内Ⅲ—Ⅳ成矿远景预测区,并按矿种划分了Ⅲ级成矿预测远景区(带)的类型。钨矿成矿预测区1个。这些预测远景区(带),为全省矿产资源潜力远景评价提供了不可缺少的找矿依据。

二、本次预测工作需要说明的问题

(1)本次预测工作采用的典型矿床的探明资源储量是引用原勘探地质报告的上表储量,同时结合吉林省国土资源厅编制的截至2008年底的《吉林省矿床资源储量统计简表》。尽管如此,仍有部分矿区后期进一步开展工作所探明的资源储量因资料缺乏,无法进行统计。所以求的典型矿床的体积含矿系数可能相应偏小,由此也造成模型区的含矿地质体的含矿系数偏小,预测的总资源量相对偏低。

(2)本次预测工作的全部技术流程完全是按照全国项目办的钨矿预测技术要求和预测资源量估算技术要求(2010年补充)开展的,由此认为本次预测的技术含量较高,预测的资源量可靠。

三、存在问题及建议

在开展钨矿的资源量预测工作中,使用1∶5万建造构造图、矿产分布图和1∶5万地球化学异常图、综合异常图等。资料的质量精度直接影响最小预测区的圈定质量,也决定了资源量预测成果的成败。在圈定的1∶5万最小预测区的基础上再利用更大比例尺的地质矿产、综合物探、化探资料开展资源量预测,可进一步提高预测的可靠性。

主要参考文献

陈毓川,王登红,2010.重要矿产和区域成矿规律研究技术要求[M].北京:地质出版社.

陈毓川,王登红,2010.重要矿产预测类型划分方案[M].北京:地质出版社.

单承恒,李峰,时俊峰,等,2004.吉林省杨金沟白钨矿床地质地球化学特征及找矿标志[J].矿产与地质,18(5):440-445.

范正国,黄旭钊,熊胜青,等,2010.磁测资料应用技术要求[M].北京:地质出版社.

贺高品,叶慧文,1998.辽东—吉南地区中元古代变质地体的组成及主要特征[J].长春科技大学学报,28(2):152-162.

吉林省地质矿产局.1988.吉林省区域地质志[M].北京:地质出版社.

贾大成,1988.吉林中部地区古板块构造格局的探讨[J].吉林地质(3):58-63.

金伯禄,张希友,1994.长白山火山地质研究[M].延吉:东北朝鲜民族教育出版社.

李东津,万庆有,许良久,等,1997.吉林省岩石地层[M].武汉:中国地质大学出版社.

刘嘉麒,1989.论中国东北大陆裂谷系的形成与演化[J].地质科学(3):209-216.

刘茂强,米家榕,1981.吉林临江附近早侏罗世植物群及下伏火山岩地质时代讨论[J].长春地质学院学报(3):18-29.

卢秀全,胡春亭,钟国军,等,2005.吉林珲春杨金沟白钨矿床地质特征及成因初探[J].吉林地质,24(3):16-21.

欧祥喜,马云国,2000.龙岗古陆南缘光华岩群地质特征及时代探讨[J].吉林地质,19(9):16-25.

彭玉鲸,苏养正,1997.吉林中部地区地质构造特征[J].沈阳地质矿产研究所所刊(5/6):335-376.

彭玉鲸,王友勤,1982.吉林省及东北部临区的三叠系[J].吉林地质(3):5-23.

邵建波,范继璋,2004.吉南珍珠门组的解体与古-中元古界层序的重建[J].吉林大学学报:地球科学版,34(20):161-166.

陶南生,刘发,武世忠,等,1975.吉中地区石炭二叠纪地层[J].长春地质学院学报(1):31-61.

王东方,1992.中朝地台北侧大陆构造地质[M].北京:地震出版社.

王友勤,苏养正,刘尔义,等,1997.全国地层多重划分对比研究东北区区域地层[M].武汉:中国地质大学出版社.

向运川,任天祥,牟绪赞,等,2010.化探资料应用技术要求[M].北京:地质出版社.

熊先孝,薛天兴,商朋强,等,2010.重要化工矿产资源潜力评价技术要求[M].北京:地质出版社.

殷长建,2003.吉林南部古—中元古代地层层序研究及沉积盆地再造[D].长春:吉林大学.

于学政,曾朝铭,燕云鹏,等,2010.遥感资料应用技术要求[M].北京:地质出版社.

苑清杨,武世忠,苑春光,等,1985.吉中地区中侏罗世火山岩地层的定量划分[J].吉林地质(2):72-76.

张秋生,李守义,1985.辽吉岩套——早元古宙的一种特殊化优地槽相杂岩[J].长春地质学院学报,39(1):1-12.

赵冰仪,周晓东,2009.吉南地区古元古代地层层序及构造背景[J].世界地质,28(4):424-429.